与最聪明的人共同进化

U0179430

湛庐 CHEERS

HERE COMES EVERYBODY

更少
但更好的养育法

薛巧巧 著

浙江教育出版社·杭州

测一测

你知道如何让养育变得简单有效吗?

扫码加入书架
领取阅读激励

扫码获取全部测试题及答案,
找到适合自己的养育方案。

- 现在的父母较少体罚孩子,是因为这一代孩子更脆弱吗?(   )

  A. 是

  B. 不是

- 父母想和孩子从"对手"变为"队友",以下哪种做法是错误的?(   )

  A. 父母要对孩子多帮忙、少评判

  B. 父母要跟孩子共同承担失败

  C. 父母要把孩子的失败看作成长的机会

  D. 父母要利用孩子犯错的时机好好讲一番道理

- 如果孩子在学习上吃力,父母应该先考虑什么原因?(   )

  A. 孩子太贪玩,学习不够努力

  B. 父母没有投入足够精力辅导孩子

  C. 游戏和短视频毒害了这一代孩子

  D. 孩子学习的内容不符合他的认知水平

扫描左侧二维码查看本书更多测试题

重/磅/推/荐

从《教育部关于加强家庭教育工作的指导意见》到《中华人民共和国家庭教育促进法》，国家日益重视家庭教育。然而"双减"政策出台后，很多父母仍然感到十分焦虑和无所适从。薛巧巧教授既是教育学者，又是孩子妈妈，本书既能从教育学、心理学的专业视角为父母答疑解惑，又能站在妈妈的立场，为被类似育儿难题困扰的父母分忧解难。相信这本书能够为不少父母和老师拨开教育孩子的迷雾，开展更少但更好的教育。

黄敏洁
成都师范附属小学
教育集团总校长

一直以来，父母们在配合学校教育孩子的过程中都存在着很多的疑惑。这本书能够化繁为简，帮助父母们穿透各种育儿鸡汤的迷雾，从专业科学的角度重新思考家庭教育问题；也能够提醒父母们不要盲目跟风，要在分析自己育儿偏好和家庭条件的基础上，选择适合自己的育儿方式，由此做到"更少但更好"。这是一本值得父母们一读的好书。

董先惠
四川天府新区
元音小学校长

您是否每天陷在拥挤不堪的工作与混乱的育儿生活中，不知如何应对？这本书不仅从科学角度帮助您选择教养方式，衡量教育投入，而且从一位妈妈的角度，帮助您分析养育难题，快速有效地找到应对策略。这套更少但更好的养育法定能让您破除思维定式，正视"眼前的孩子"，实现轻松带娃！

龚雪梅
成都市
北新实验小学
校长

雷春

四川省
教育科学研究院
附属实验小学
校长

社会飞速发展，教育也在同步变化，父母的学习力是孩子最雄厚的教育资本。本书紧扣当前教育发展前沿热点，是教育学术知识的"搬运工"，更是经典育儿理论的"转换器"，集聚多方视角，讲述深入浅出，朋友式口吻使父母既可以正襟危坐系统学习，亦可以伴着咖啡、香茗，轻松阅读。

黄丽娟

成都哈密尔顿
麓湖小学校长

本书适用于所有 K-12 阶段孩子的父母，尤其能够帮助处于迷茫、焦虑中的中小学生的父母。本书从教育学的专业视角，帮助父母缓解自身的焦虑，了解孩子常见的问题，给予父母协助孩子获得学业提升和人生成功的思路与方法。愿所有的父母都能与孩子共成长！

兰艺

成都市
盐道街小学
教育集团
总校长

这本书对于正迷茫地行走于养娃路上的父母来说，既是指引牌，又是营养补给剂。作者以多元视角，运用大量原理和生动案例，科学系统且深入浅出地指导父母，在面对家庭教育的痛点与难点时，应该如何更好地去完成"该做"的事情，而非简单地去完成"更多"的事情。教育行为如何能更加精、简、准，从而实现"更少但更好"？相信这本书会给父母和教育者带来更多的启发。

李静

成都市西体路
小学校长

作为教育人，我们正站在疾风骤雨的"社会变革"和时不我待的"范式转型"中重新打量这个世界。我们看见，今天的中国，正在翻越险峻的文明山峰；当下的世界，正在穿越汹涌的发展周期；多元的时代，正在经历复杂的知识重建。归根结底，教育正在面临新一轮重组和重新定义——学校教育作为国家责任和公民义务的基础保障，在向"国运主阵地 + 时代幸福力"的高质量教育体系建设目标跑步前进。

随着社会竞争日益激烈，父母对子女教育的关注与投入只增不减。生育焦虑、剧场效应、"鸡娃"战争等现象也由此而生。教育部 2015 年印发了《教育部关于加强家庭教育工作的指导意见》，2021 年通过了《中华人民共和国家庭教育促进法》。《更少但更好的养育法》一书恰逢其时地回应了国家、社会，当然还有广大父母对家庭教育的关注。作者聚焦家庭教育的痛点和难点，从改变父母的教育观念入手，为父母分析了教育行为背后的脑科学、心理学、教育学和社会学原理；介绍了不同育儿理念的由来、分歧和利弊得失。山不过来，我们过去，《更少但更好的养育法》让我们更好地看见、奔赴家庭教育的美好未来。

"妙言至径，大道至简。"《更少但更好的养育法》以教育学之道解当下家庭教育之惑，以深入浅出之术将理论通俗化，让科学大众化，引领每一位读者从"不跟风，不贴标签，不较劲"三大法则中参悟教育的大智慧。

黄彬
成都市天涯石小学
昭忠祠分校校长

作为一个青春期男孩的妈妈，我为了孩子的成长是煞费苦心，阅读了很多育儿书。大部分书会指导父母如何把自己想做的事情做到最好，却很少有书指导父母反思自己想做的事情对不对，好不好，从何而来，到哪里去。近年来，父母们都很重视培养孩子建立对自身学习的"元认知"，作为父母，却很少关注自己育儿行为的"元认知"。育儿缺乏底层逻辑的支持，没有"道"，再好的"术"也是惘然。只有先照亮了父母，帮助父母确立了正确的观念，才能点燃孩子。

何琳
成都师范附属小学
慧源校区执行校长

程科
成都市
锦官驿小学校长

这是一位教育学者的深度思考，也是一个妈妈的亲身实践。本书用亲切浅近、略带幽默的口吻为父母讲述育儿的科学理论和实践，从大脑构造、心理机制、社会习俗、教育原理等方面入手，挑战固有想法，推倒陈腐观念，会让受育儿困扰的父母们大有收获。

于扬
成都市
天涯石小学
逸景分校
副校长

父母们都希望不走弯路，科学育儿，但现实是，孩子是不同的个体，许多父母困于过程，在经历后才幡然醒悟：原来还可以换一种思路！不少育儿书由于缺乏父母视角，理论往往曲高和寡，难以引起父母的共鸣。而我推荐的这本书的作者，既是站在一个教育学者的角度，更是站在一个妈妈的角度，引导父母科学地思考育儿问题。本书通过帮助父母建立正确的观念，引导父母寻找到适合自己孩子的成长之路，进而实现父母与孩子的共同成长！

文陈平
成都市
马家沟小学
校长

高质量的家庭养育是投入产出比最高的教育投资，其最高智慧来自分寸感的拿捏。这种分寸感从何而来？我认为要从读懂每一个鲜活而独特的孩子中来，从学会科学循证，找寻到每一个成长阶段的教育原点而来。而身为父母的我们，却总是被贩卖焦虑的机构鼓吹的歪理所裹挟。究其原因，往往就是因为帮助父母们拨开云雾见真理的养育力量还不够强大。

本书正是将养育中最核心的教育学和心理学原理，以及脑科学知识应用于学习与成长的有效策略，转化为父母们读得懂、用得上的养育方法。可以说，本书真正为高质量的家庭养育这一命题贡献了一份高质量的答卷。

父母好好学习，孩子天天进步

　　这本书承载着为当下父母"减负"的使命，终于出版了。作者薛巧巧教授针对当前父母的一些常见的焦虑、困惑，从改变父母的养育观念入手，借助脑科学、心理学、教育学和社会学的相关理论，破除家庭养育中的常见迷思，带父母抓住解决养育问题的"牛鼻子"，在养育中"减量提质"，费最小的劲，做对孩子成长最有益的事。

　　作为一位8岁孩子的妈妈，作者尊重孩子兴趣、善于引导孩子健康成长，既当人师楷模，又是孩子的知心朋友。这使作者与读者在心灵上具有了某种天然的默契，使书中的一些问题描述和办法建议更容易得到年轻父母的共鸣。本书具有很强的针对性、指导性和时效性，使家庭教育在潜移默化中发挥润物无声的特殊作用，是养育路上伴君同行的必读好书。

作为一名老教育工作者，我深知家庭是人生的第一所学校，父母是孩子的第一任老师。父母的教育理念和教育方法，对孩子的健康成长具有十分重要的影响。我退休以后也在积极参加省关工委和教育厅关工委关心下一代的工作，大胆探索家庭教育新路子，举办"家长学校"，引导父母学习科学养育方法，帮助孩子成长和进步。

以教育之强夯实国家富强之基，家庭教育大有可为。我推荐父母们读读《更少但更好的养育法》这本书，相信不少困顿都能迎刃而解。

唐朝纪

四川省委教育工委原副书记

四川省教育厅原党组副书记、常务副厅长

"双减"时代，养育如何"减量提质"

父母在养育中常常面临诸多困惑。小一点的困惑可能是：给孩子报什么培训班？该不该陪孩子写作业？大一点的困惑可能是：怎样让孩子爱上学习？如何帮孩子学会整理？当和孩子意见相左时，是尊重孩子的意见，还是坚持自己的权威？可能不少父母还想知道：如果家庭成员之间的养育理念不一致，甚至存在根本分歧，到底应该听谁的，如何判断哪种理念"更好"？

不少父母躲不过"内卷"的裹挟，又下不了"鸡娃"的决心，被迫不断地在"躺平"和"卷起"之间做仰卧起坐，戏称自己过着"45度人生"。

当前养育一个孩子所需的巨大投入，又使采用不当养育方式导致的沉没成本过于高昂。如今，一个普通家庭的孩子从小到大的吃穿用度少则几十万元，多则上百万元，因此孩子被戏称为"四足吞金兽"。为了拼出"牛娃"，父母所需投注的精力和时间不可估量，甚至要牺牲本来不错的职业前景。

为什么我们的上一代在养育我们的时候没那么费劲呢？放学后，我们可以在家附近闲逛、吃小吃，似乎不用父母过于操心。为什么现在，即便"双减"减掉了书面作业，孩子回到家依然要被父母安排各种学习任务？

在教改之下，父母如何能把握住教育的核心问题，深刻认识"双减"时代的养育关键是"减量提质"，并且真正掌握"更少但更好的养育法"呢？

其实，父母不需要了解教育学繁复的研究过程和庞杂的论证方式，只需要利用教育学已有的研究，建立清晰的养育标准和尺度。每本书都应该有它的使命。我写这本书是希望站在教育学者和妈妈的双重立场上，与迷雾中的父母一起穿越养育中纷繁复杂的"术"，把握养育中贯穿始末的"道"，帮助中国父母不跟风、不贴标签、不较劲，在养育中做出更省力、更有效的决策。

推荐序　　父母好好学习，孩子天天进步

前　言　　"双减"时代，养育如何"减量提质"

法则一　　不跟风，看清养育目标

第 1 章　　父母的六大迷思　　　　　　　　　　　　　　003

第 2 章　　夸大 vs 攀比，提防两大养育陷阱　　　　　024

第 3 章　　认清养育偏好，学会量体裁衣　　　　　　　040

法则二　　不贴标签，顺应孩子天性

第 4 章　　"做坏事"是人的天性　　　　　　　　　　065

第 5 章　　发现孩子"懒"的克星　　　　　　　　　　073

第 6 章　　找到孩子"笨"的根源　　　　　　　　　　088

第 7 章　　理解孩子的"叛逆"　　　　　　　　　　　099

第 8 章　　根治孩子的"上瘾"　　　　　　　　　　　108

法则三　　不较劲，学会牵手和放手

第 9 章　　从"对手"变为"队友"　　　　　　　　　　119

第 10 章　　"又好气又好笑"模式　　　　　　　　　　130

第 11 章　　"我能为你做什么？"　　　　　　　　　　140

第 12 章　　"我会如何对待童年的自己？"　　　　　　151

附　录　　薛巧巧老师的养育资料馆　　　　　　　　159

跋　　　　该放手时就放手　　　　　　　　　　　　163

后　记　　孩子终将走出自己的路　　　　　　　　　167

法 则 一

不跟风，
看清养育目标

做"虎妈"还是"猫爸",是"鸡娃"还是"佛系"?

第 1 章
父母的六大迷思

　　本书先从父母当下最常见的六大迷思切入，带父母审视六个重要养育问题：教育内卷是中国特色吗？"讲道理"一定好过"打屁股"吗？培养孩子的哪些品质最重要呢？家庭教育决定了孩子的未来吗？提升学习成绩主要靠多练习吗？素质教育就是不讲成绩吗？

迷思一：教育内卷是中国特色吗？

　　在《我是个妈妈，我需要铂金包》（*Primates of Park Avenue*）一书中，作者对美国纽约上东区妈妈们的学区房争夺战、入学大战和家委会较量，进行了绘声绘色的描述。其实，如果把书中的背景换成北京的海淀区或者上海的徐汇区，情节几乎可以不用改动。在中国大城市的教育高地，父母对优质教育资源的抢夺和在养育上的投入与美国别无二致。无独有偶，印度的大热影片《起跑线》(*Hindi Medium*) 也描述了几乎一模一样的入学大战，只不过是发生在印度的孟买。

数据统计显示，近几十年来，全世界越来越多的父母在养育上投入了更多的时间。例如，与 1975 年相比，美国的父母 2005 年在孩子养育上平均每周要多投入 6 小时，相当于每天增加了将近 1 小时的养育时间。同样，荷兰的母亲每周花在养育上的时间增加了 4 小时，父亲也多花了 3 小时；加拿大、意大利、西班牙和英国的父母花在养育上的时间都有增加。

为什么父母在养育上的投入有如此显著的增加？其实这种变化并非源自个别父母的意愿，也不是因为同侪之间的裹挟，而是由于时代的变化。随着经济的发展，各国不同工作岗位的收入差距不断拉大，社会财富的分配不均加剧，而这种待遇的不平等又与受教育水平紧密相关。尤其从 20 世纪 80 年代开始，受过大学教育的劳动者的工资显著高于仅受过高中教育的劳动者。

在《爱、金钱和孩子：育儿经济学》(*Love, Money & Parenting*) 一书中，两位美国教育经济学教授分析，是教育投入回报率的提高导致了父母对抚养子女的重视程度的上升。20 世纪五六十年代，大部分人都能顺利找到一份收入差不多的工作，因此，父母都不怎么为子女的教育操心，也很少逼迫孩子学习，或者公开炫耀孩子学业上的成就。然而现在，父母越来越相信孩子未来能否成功将取决于父母的教育成果，密集养育方式和"直升机父母"① 获得了广泛的支持。

　　追溯我们上一代成长的社会环境，他们的父母并没有那么强烈的意愿逼迫他们努力学习。因为那时候人们的职业选择很有限，不同职业的工资收入差距不明显，人们也没有经济条件在子女教育上高投入。而现在，收入不平衡加剧，教育回报率增高，以及家庭中子女人数减少而导致的机会成本增加等一系列因素，使得父母越来越担心孩子的学业表现，试图通过增加时间、精力、金钱等各方面的养育投入保障孩子的学业成功。这就可以解释为什么国家一再"双减"，父母还是会感到焦虑。

　　这也同样解释了为什么在芬兰、瑞典等国家，孩子们的童年更加轻松、愉快，因为这些国家普遍社会收入差距较小。放眼全球，随着社会收入差距的逐渐增大，德国和瑞士的考试和选拔方式已经开始让父母无法"躺平"了；在英国，父母和学校的管控也正在变得越来越严；在美国、印度、法国这些竞争一贯激烈的地方，密集养育方式非常普遍。而中国也遍布着相信教育回报、愿意在养育上投注时间和精力的父母。

　　除了经济原因，不同的文化传统、政治环境和教育制度也会影响父母的养育投入。一般来说，在像芬兰、瑞典这样学校教育水平差异

----

① "直升机父母"指像直升机一样"盘旋"在孩子周围的父母。这类父母在养育中会时刻监控着孩子的一举一动，希望帮孩子扫除可能出现的所有障碍。国际儿童学习研究泰斗艾莉森·高普尼克（Alison Gopnik）在《园丁与木匠》（ *The Gardener and the Carpenter* ）一书中对这种养育方式做了深刻剖析。该书的中文简体字版已由湛庐引进，浙江科学技术出版社于 2023 年 5 月出版。——编者注

越小的国家，父母承受的竞争压力越小，越倾向于采用非密集的养育方式，成为放任型父母。反之，在拥有常春藤盟校的美国、设置了211和985大学的中国，父母抢夺优质高等教育资源的竞争非常激烈，这种竞争甚至延伸至小学、中学，这些国家的父母有更大的压力和动力采取密集养育方式。

中国的父母非常不容易，尤其是母亲。她们甚至自诩为一个"新物种"——"中年老母"[①]。然而，教育内卷并非中国特色。**力所能及地关注和支持对孩子的教育，是全世界明智的父母都会做的事。**父母只有承认对孩子的教育投入（包括金钱、时间、精力）是必须的，不再牢骚满腹、愤愤不平时，才能以更平和的心态去思考和选择适合自己孩子和家庭的教育投入。

迷思二："讲道理"一定好过"打屁股"吗？

养育方式和养育投入一样，受不同时代的制约。在18世纪以前，父母大多信奉孩子必须顺从父母的权威。据一位英国历史学家观察，在1770年之前，给出养育建议的200位人士之中仅有3位没有建议父亲打孩子。可能在有些父母自己的儿时记忆中，挨打挨骂也是家常便饭。

然而，这一局面被西方启蒙思想家卢梭打破了。他在著作《爱弥

---

① "中年老母"是由一批做母亲的女性群体在网络社交平台上自我调侃而形成的概念，主要指居于城市、受教育程度较高、生育年龄略晚、高度重视子女教育，又会在养育压力下感到焦虑的女性。——编者注

儿》（*Émile*）中提出成人要避免干涉孩子的自由和幸福，应该尊重和顺应孩子发展的天性和规律；成人的任务不过是为孩子创造学习的机会和环境；当孩子犯错时，成人应该予以纠正，但干预的方式应该是建设性的、友好的，而不应是惩罚性的。这些在《正面管教》（*Positive Discipline*）这类当代养育畅销书中的主要观点，其实早在 1762 年就已经被提出来了。在此之后，大批教育家，包括蒙台梭利、福禄贝尔、杜威、马斯洛、罗杰斯、陶行知、陈鹤琴，以及中国当下养育书籍的作者们普遍持有类似观点。这类观点所代表的思想在教育学中被统称为"人本主义"，核心是提倡以人为本，要求理解和尊重孩子，在孩子的教育上顺势而为。它对应的往往是宽松的、注重和孩子讲道理的养育方式。

用今天流行的养育概念来说，人本主义出现后，整个社会的专断型养育逐渐被放任型养育和权威型养育取代了。尤其是人本主义教育观也得到了心理学的支持。自弗洛伊德提出"抑制"理论开始，众多的心理学家指出，强加给孩子的严格自律要求会给孩子的情感与行为发展带来负面影响，这类担忧又在当代众多良莠不齐的养育文章中被进一步夸大，造成了父母对专断型养育副作用的深切担忧。

然而，人本主义教育观的流行真的是因为专断型养育本身有多么不好，给孩子造成了多么大的身心伤害吗？我曾经在一个校长培训班做讲座，一位校长提出疑惑：为什么我们这一代小时候经常被父母责罚，但是我们的身心还挺健康，还特别勤奋、上进、抗挫折能力强，而现在我们强调尊重孩子、理解孩子，孩子却越发脆弱，说不得、骂不得，稍有一点儿问题就会情绪崩溃？

其实，发展心理学对专断型养育带来的负面影响的担心一定程度上是现代社会特有的。在现代社会中，独断专行的父母是少数，但想一想我们的父母和祖父母的成长年代，由于专断型养育是主流，他们很少会因为偶尔挨了一巴掌就认为受到了羞辱和虐待。

现在的孩子不再接受简单粗暴的责罚，不是孩子变脆弱了，而是现代社会的亲子交流模式发生了深刻的变化。

专断型养育的式微，并不完全是因为它作为一种养育方式存在局限性，其中也有深厚的经济根源，尤其受到人才需求变化、收入水平差异、经济发展形势和家庭经济条件的影响。

在社会进入工业时代之前，社会阶层难以逾越。孩子一生的大部分时间要与父母一起生活，所有家庭成员通过紧密协作为家庭提供服务。这时候，孩子的服从显得尤为重要，独立和质疑的精神反倒可能给家庭和个人带来严重的生存危机。

然而在社会进入工业时代之后，社会分工变细，社会流动加剧，成年后的子女会远离父母求学和工作，不再子承父业。于是培养一个人的独立精神和自主能力越发重要。与此同时，工业、农业之外的第三产业，如服务业和娱乐业的兴盛，让人们逐渐重视想象力和创新意识，而不再强调按部就班。

在此时代背景下，专断型养育被普遍认为会限制孩子的选择，阻碍孩子的探索，扼杀孩子的独立性和内在潜能，因而遭到人们的抛弃。社会风气也由打骂孩子司空见惯转为一边倒地反对体罚了。

《爱、金钱和孩子：育儿经济学》的作者总结道：

> "棍棒底下出孝子"这一句古老的谚语总结了几个世纪以来育儿的自然方式。体罚以各种各样的形式出现，无论是"打屁股""扇巴掌""掴耳光""挨板子""抽皮带"还是"挥鞭子"，并且一度成为家庭和学校里教育孩子的常规手段。
>
> ⋯⋯⋯⋯⋯
>
> 对于体罚的态度仅仅在几代人中就发生了根本性的变化。⋯⋯在更久远的年代，家长认为体罚没有任何问题，并且采取了当时专家们推荐的"铁腕"方针。来自各个阶层的父母们认为坚持他们的权威是家长责任的一部分。那种应该说服孩子相信成年人所说的是正确的想法对于我们的祖父母来说听起来很陌生，甚至可以说是奇怪。他们的观点是：孩子只是孩子，他们年龄太小，无法理解，但一旦长大，他们就会感激父母的严格教养。[1]

在过去短短几十年间，赞同打屁股的父母的比例在全球普遍下降，尤其在受过更多教育的父母中，支持体罚的比例就更低。

> （这是因为）在技术发展较慢、职业流动性差的社会，大多数孩子遵循了子承父业的职业选择模式。这使得父母可以教

---

[1]　德普克，齐利博蒂.爱、金钱和孩子：育儿经济学 [M].吴娴，鲁敏儿，译.上海：格致出版社，上海人民出版社，2019：179-180.——编者注

授子女需要掌握的知识并直接控制子女。此外，子女从脱离父母的掌控中收获甚少而且往往损失很大。在这样的社会中，服从相比独立性和想象力更被高度重视。低技术变化率以及低职业流动性是整个前工业化时期所有社会的特征。相比之下，在高职业流动性和高社会流动性的现代经济体中，孩子从独立中获益更多。因此，专断型教养方式在现代化进程中变得不那么有用。相应地，我们观察到专断型教养方式的受欢迎程度随着经济发展水平的上升而下降。①

此外，经济形势和家庭收入也同样影响着养育方式。总体来说，经济形势越好，养育密集程度越低，父母对子女的管控越少；反之，经济形势越差，则养育密集程度越高，父母对子女的管控越多。

20 世纪 60 年代，欧美国家的失业率和收入差距达到历史低点，放任型养育大行其道，因为对社会充满安全感的父母相信孩子一离开学校就能找到工作，无须太过担心。而在经济形势不佳、就业压力增大的当下，耶鲁大学法学院教授蔡美儿（Amy Chua）的著作《虎妈战歌》（*Battle Hymn of the Tiger Mother*）让欧美父母开始思考不同管教方式的差异与优劣。

尤其是中国、新加坡等亚洲国家的学生在历年的国际学生评估项目（Programme for International Student Assessment, PISA）中都表现优异，这种国际对标也在一定程度上促使其他文化背景的父母放

---

① 德普克，齐利博蒂 . 爱、金钱和孩子：育儿经济学 [M]. 吴娴，鲁敏儿，译 . 上海：格致出版社，上海人民出版社，2019：203.——编者注

弃放任自流的养育方式，转而采用更加严格的养育方式来保障孩子学业上的成功。

由此可见，"讲道理"固然好，"打屁股"也不见得就一定会造成孩子的身心问题。只是，在父母认为打骂孩子没有问题的时代，孩子往往有很多自由时光和童年玩伴，现在却只剩下课业与考试。如果这时父母还不能理解、宽慰，反而一味地打骂、苛责，那就会加重孩子的心理负担。

迷思三：培养孩子的哪些品质最重要呢？

父母养育理念同样受到宏观经济形势和社会文化差异的影响。世界价值观调查（World Values Survey, WVS）[①]发现：收入差距较大的国家的父母，往往会强调勤奋的重要性；而在收入差距较小的国家，父母则更重视独立性和想象力。例如，认为勤奋是一种重要美德的父母，在美国的比例为 65%，但在北欧国家这一比例低至 11% ～ 17%，即便以努力勤勉著称的德国人，也只有低于 30% 的父母赞赏勤奋的品质。与此相对，北欧的父母高度重视独立性和想象力，接近 80% 的父母认为独立性是最重要的品质之一，50% 左右的父母认为想象力很重要。而在一贯崇尚自由和创意的美国，重视想象力的父母仅有 30% 左右。

---

① 该调查会让受访父母从独立性、勤奋、责任感、想象力、对他人的宽容和尊重、节俭、决心和毅力、宗教信仰、无私和服从等选项中最多选择 5 项，由此判断父母最重视培养孩子的哪些品质。

但有意思的是，美国有不到 60% 的父母将独立性视作最重要的品质之一，低于我国接近 80% 的比例。这也说明中国正在纠偏父母过度养育的问题，新一代的中国父母对独立性的认可已经跻身世界最前列，仅仅低于一些北欧国家和日本、德国，远超荷兰、加拿大、英国、美国和俄罗斯等。

社会阶层也同样影响着养育理念。我们现在经常听到提倡"贵族精神"和精致生活的论调，父母花大价钱让孩子学钢琴、学舞蹈，甚至上一些所谓的"名媛淑女培训班"来规范孩子的言行举止。但如果我们没有对"贵族精神"的清醒认识和对自身家庭教育诉求的理性分析，这种培养方式可能是相当不明智的。

在《爱、金钱和孩子：育儿经济学》里，作者总结了"有钱有闲"阶层和工薪阶层养育理念的差异及原因：

> 由于努力工作不会在未来带来高额的经济回报，贵族父母几乎没有动力给孩子灌输职业道德。做相反的事反而会有回报，即教导孩子享受优雅的休闲活动，比如让男孩打猎或让女孩学习音乐。这样的休闲技能之后会在提升社会阶级和择偶上发挥作用。……在孩子应该学的内容上给出了相反的策略——工人阶级是勤奋和克己，而贵族则是优雅从容的品味。……贵族不仅教导孩子享受休闲，而且缺少对耐心和节俭的重视。[①]

---

① 德普克，齐利博蒂 . 爱、金钱和孩子：育儿经济学 [M]. 吴娴，鲁敏儿，译 . 上海：格致出版社，上海人民出版社，2019：286，288，294.——编者注

除了经济激励和社会阶层的影响，父母的受教育水平也显著影响着教育价值观。研究表明，在OECD[①]国家，受教育程度越低的父母越强调服从的重要性，而拥有本科以上教育程度的父母却不太可能认为服从是一个需要灌输给孩子的重要观念。

虽然表面上看，父母可以自己决定重点培养孩子的哪些品质，但实际上，父母的养育重点在很大程度上取决于整个时代的经济状况和文化环境。所以，"直升机父母"不应该成为一个贬义词，我们也不必为自己是"直升机父母"而感到愧疚和焦虑，它不过是当前时代形势下父母权衡后的选择罢了。

迷思四：家庭教育决定了孩子的未来吗？

我曾经特别推崇教育家爱尔维修的"教育万能论"，认为父母只要足够努力，就可以把孩子塑造成自己想要的任何样子。就像在日本长篇小说《源氏物语》中，源氏公子在小女孩紫姬10岁时收养了她，将其按照自己心中理想女性的标准加以培养，最终将紫姬塑造成了一名"完美女性"。

然而在现实中，孩子并不是被动的教育加工对象，他的成长受到遗传特质和社会环境的影响，并在很大程度上取决于他自己的性情、志趣和偏好。

---

① OECD 是经济合作与发展组织（Organisation for Economic Co-operation and Development）的简称，该组织的调研覆盖了当前世界上最发达的经济体。——编者注

有两个以上孩子的父母应该非常清楚这一点：孩子明明有同样的父母，同样的吃穿用度，以及几乎一模一样的受教育模式，但哪怕是同卵双胞胎，也可能性格迥异、喜好不同。

同样能够说明问题的是，《虎妈战歌》的作者蔡美儿按照一套精心设计、严密控制的养育方式的确培养出了学业出众的孩子；而中国农村大字不识，或许也不太过问孩子学习的母亲，依然能够养育出考上清华、北大的高才生。

一方面，父母应该尽力提升自己，关爱孩子；另一方面，如果因为性格或压力的原因，父母不能在养育中时时刻刻保持好脾气，那也并非一定会产生严重危害。在孩子身上，父母能够控制的其实很有限，而孩子拥有的可能性远超父母的想象。

迷思五：提升学习成绩主要靠多练习吗？

虽然人类直到现在也没能完全破译学习发生的"黑匣子"，但教育学和心理学在不断的探索中还是得出了许多对养育有借鉴意义的结论。

心理学家约翰·D. 布兰思福特（John D. Bransford）等编著的《人是如何学习的》（How People Learn）中提到了两个学习科学的经典实验。

—— 关于养育的小实验 ——

两种不同环境下生长的老鼠

研究者把老鼠分成了两组。实验组的老鼠被放置在一个杂居环境中，该环境充满物品，能为老鼠探究和玩耍提供充足的机会。物品每天都被替换和重新摆放。环境重新布置时，老鼠则被安置到另一环境中，那里同样摆满了杂物。因此，与纽约市下水道中或堪萨斯州田野里的老鼠一样，这些老鼠具备相当丰富的体验。

另一对照组的老鼠则被放进一个典型的实验室环境中，在空荡荡的笼子里独自生活，或一两只一起生活。对于老鼠来说，这个环境显然是单调而又缺乏真实生活情境的。

这两种场景有助于确定环境是如何影响大脑正常发育，如何影响认知结构正常发展的，同时也有助于观察当动物被剥夺关键体验后会发生什么情况。

这两组老鼠开始学习后，在复杂环境中长大的老鼠一开始就比其他老鼠少犯错误，它们也能很快学会不犯错误。在这一意义上，它们比在单调环境长大的老鼠更聪明。如果给予正面的奖励，它们在应对复杂任务时比单独关在笼子中的老鼠表现得更加突出。显然，体验改变了老鼠的大脑：在复杂环境中生活的老鼠，它们视觉皮质中每个神经细胞的突触数目比在笼子里的老鼠高出 20%～25%。这说明，当老鼠体验时，它们的大脑中的神经细胞添加了新的连接——一种不局限于早期发育的现象。

这个实验告诉我们，复杂的环境和丰富的体验可以让生物体大脑中的神经细胞突触在主动学习中变多，即复杂的环境与丰富的体验是培养聪明而且适应性强的孩子的关键。我们再来看另一个实验。

—— 关于养育的小实验 ——

四种不同任务驱动下的老鼠

什么样的活动能使大脑产生变化？为了回答这一问题，人们比较了四组老鼠。第一组老鼠学习跨越可增高的障碍物，经过大约一个月的训练后，这些"杂技演员"能十分出色地完成任务；第二组老鼠为"强制练习者"，每天踩一次脚踏车，先踩 30 分钟，然后休息 10 分钟，再踩 30 分钟；第三组老鼠为"自愿练习者"，自由接触挂在笼子上的活动轮子；第四组老鼠为控制组，即"笼中的马铃薯"，不进行任何练习。

在这种实验条件下，老鼠的血管容量和每个神经细胞的突触数目会发生什么变化呢？与"笼中的马铃薯"或"杂技演员"相比，"强制练习者"和"自愿练习者"的血管密度较高，说明学习技能并不涉及明显的活动量。但当测量每个神经细胞的突触数目时，"杂技演员"的结果是最出色的。说明学习能增加突触的数目而练习则不能。因此，不同种类的经验以不同方式制约大脑的发育。突触数目和血管密度是影响大脑的适应性的两种重要元素，但它们的形

张水清 书

四川省书法家协会会员

四川省人民政府...

《...》题句

成是由不同的生理机制和不同的行为事件驱动的。

这个实验告诉我们，机械练习虽然能够增加大脑皮质的重量和厚度，强化某些大脑功能，却不会增加大脑神经细胞的突触数目。由此可见，虽然机械练习有它的必要性，但我们更应该重视培养孩子主动探究的精神。

以上两个学习科学实验的结论，有助于我们从教育学和心理学的角度理解国家基础教育"双减"和禁止学前教育小学化政策。**如果孩子缺乏真实丰富的生活实践，沦为虚拟问题的答题机器，那么他们的学习能力和应变能力则会受到极大的抑制。**这种现象无论是对其自身长大以后的发展还是整个社会的发展都弊大于利。

迷思六：素质教育就是不讲成绩吗？

我们这一代小时候常常一到体育课时间，正想去操场玩，班主任就进来宣布，当天的体育课被换成了语文、数学、英语等学科的测验或者习题讲解。我们这一代习以为常的现象，在我们孩子的生活中已经很难发生了。传统"副科"音、体、美的地位大幅提升，"主科"和"副科"的界限被打破了，语、数、外不能占用音、体、美的课堂时间。不仅如此，体育在中考中的分值逐步增大，衡量学生和学校表现的小学省级调研考试中出现了艺术综合类考试……这些现象反映出的首先是人才需求的变化，其次则是人们对学习有了更深的理解。

美国知名教育心理学家本杰明·布鲁姆（Benjamin Bloom）曾经提出一个教学目标分类原则：从认识维度来看，教学目标从低阶到高阶依次是记忆、理解、应用、分析、评价和创造；从知识维度来看，教学目标从低阶到高阶依次是事实、概念、程序和元认知[①]。

如果用这个分类原则做分析，传统的语、数、外学科的教学和测验，强调的是对事实、概念和程序进行记忆、理解和练习，只锻炼了孩子低阶和中阶的思维。而在强调复杂、变化和创意的后工业时代，社会更需要拥有元认知，能够运用反思、分析、评价和创造等高阶思维的人才。而这类人才在传统的语、数、外学科的讲授式教学中较难培养，这也是英国教育家肯·罗宾逊（Ken Robinson）爵士在 TED 的一系列演讲，如《学校如何扼杀了创造力？》（*Do Schools Kill Creativity?*）中反复强调的。

所以，与"双减"政策几乎同时出现的是国家对"五育并举"与核心素养的倡导。跨学科、融学科、项目式和主题式学习逐渐为学校重视。2022 年，新一轮基础教育课程改革方案出台，中小学的课程与教学进入培养核心素养的新阶段。与此同时，高考进一步革新，开始向着分类招生、综合评价、多元录取方向发展。"教育指挥棒"引导着教学更加重视人才的综合素养和高阶思维，培养人才在现实中解决问题的能力。父母最直观的感受可能就是各类小报、科技成果、绘

---

① 元认知是指人们对自己的感知、记忆、思维等认知活动本身的再感知、再记忆和再思维。知名神经教育学家史蒂夫·马森在《激活你的学习脑》一书中详细讲解了如何借助 7 个学习的核心策略提升孩子的元认知水平，让孩子的学习效果远超以往。这本书的中文简体字版已由湛庐引进，中国财政经济出版社于 2022 年 8 月出版。——编者注

画作品等非典型性作业增加了。更重要的是，这种变化已经在"新高考"的命题趋势中显现出来，各个中小学也对课堂教学做出了及时的调整：化学考试让学生设计污水处理方案，考察他们对所学知识融会贯通的能力；地理课会组织学生筹备农业产品发布会；历史课会要求学生绘制古代的边防图……

我印象最深的是四川省金堂中学的一节高中地理课。新高考政策出台后，金堂中学作为当地高考成绩最好的学校之一，率先进行课堂教学的改革，在原有的知识讲授和强化练习的基础上，更加重视将知识学习与知识运用、教材考点和真实生活紧密结合起来，既提升学生的应考能力，又提升学生的学习效率。

高中地理教学的新课标要求学生结合实例说明农业的区位因素。金堂中学的刘伟老师设计了一场模拟的"乡村农产品推介会"，以此让学生了解与农业相关的自然环境、人文环境和经济环境等各项因素。

首先，刘老师让学生在预习教材内容后，进行了一系列调查活动：在网络上对金堂脐橙种植进行资料收集和文献查阅；设计调查问卷和调查线路；分组实地走访金堂县三溪镇，了解脐橙的生长习性和脐橙种植地的自然地理环境；依据调查结果填写调查问卷；访问果农和政府相关人员，了解脐橙的销售状况、提升品质和市场竞争力的措施；同时根据实践过程中发现的其他相关的地理问题进行访谈，做好访谈记录；等等。

接着，在正式教学中，刘老师先播放了视频《游城市森林公园，品富美金堂柑橘》，然后让学生分组汇报了他们的前期调研成果。在此基础上，教师扮演推介会主持人，学生则分小组扮演村长、收购商和村民。"村长"要负责介绍金堂脐橙的基本情况；"收购商"要现场考察金堂脐橙，提出和农产品、市场相关的问题，并基于农产品的品质和价格等，洽谈收购合作事宜；"村民"要负责解答收购商提出的问题，尽最大可能把自己的农产品推销出去。

虽然只是一场模拟的产品推介会，但是代表不同立场的学生团队唇枪舌剑，讨论的内容十分专业。例如，扮演收购商的学生团队提出了很多现实问题：农业的发展深受自然环境的影响，金堂脐橙种植规模大，当地自然条件是否适合柑橘产业的可持续发展？金堂脐橙采摘旺季时是否有充足劳动力？脐橙易腐烂变质，运输条件是否便利？市场条件如何？如遇柑橘滞销，是否有解决办法？

据此，扮演村民的学生团队提供了详尽的图文资料，讲解了金堂的气候条件、地形和土壤条件、水源条件、交通线路图；他们分享了对金堂脐橙的营养价值和出口欧盟的新闻报道，还分析了储存金堂脐橙的留树保鲜技术。所有学生在推介会后整合了一张思维导图，内容涉及自然因素（气候、地形、土壤、水源等）和社会经济因素（技术、市场、交通、政策、劳动力等）。由此，他们显然没有死记硬背农业区位因素这一知识点，却已对它的综合运用了然于胸。

那么，父母应该怎么去看待和应对这种重视综合素养和高阶思维的考核呢？我认为父母应该做好两手准备：

首先是知识准备。无论是父母还是老师，都要看到高阶思维是以低阶思维为基础的。因此我们要追求的不是让孩子"只玩不学"，而是让孩子"在玩中学"。不仅语、数、外等学科的基础不能丢，音、体、美的知识性内容也必须掌握。因为只要有考试，就肯定有应试，也就意味着无论是哪门科目需要牢固掌握的知识点，都要不打折扣地掌握。

"双减"之下尤其要警惕由于练习量不够而导致的知识掌握不牢。任何知识的掌握都需要以一定的记忆和练习为基础，所以如果学校布置的作业不足以让孩子牢固掌握必需的知识和技能、解题的过程和方法的话，父母可以在家准备一些教辅练习。注意是练习不是"刷题"，"刷题"只会浪费时间和精力，父母应该做的是有针对性地让孩子多练习没有掌握的同类型题目，直到孩子牢固掌握为止。

有些父母不知道如何判断孩子还没有掌握哪些知识点，其实只要花点时间看看孩子带回来的作业和试卷中的错题即可。负责任的老师会尽量为每个学生答疑解惑，查漏补缺，但很多时候老师无法面面俱到，需要父母花点心思，甚至"面批面改"，即面对面地进行批改。实证调研的数据显示，在所有教学策略中，对提升学业成绩最有帮助的就是"面批面改"。有余力的父母可以每天抽半个小时分析孩子的错题并借机让孩子巩固知识。

其次是素质准备。很多父母提高孩子素质的方法就是送孩子去音、体、美培训班，那请扪心自问，送他去培训班的目的是什么？如果是备考，例如孩子在学校的体育课上练习不足，需要在课外提升技能，则无可厚非。但更多的情况是，培训班因为教材、课程标准与体制内考核的内容都不匹配，并不能帮助孩子备考。

事实上，现在的学校教学改革强调的是跨学科融合，即让孩子把各门学科的知识融会贯通，以解决实际的复杂问题。这方面父母可以大显身手，小到让孩子参与美化家里的环境，或规划一次外出旅行；大到让孩子展示他的某样作品，或描述他的职业构想，这些都可以帮助孩子锻炼综合能力。

总而言之，要让孩子提升素质，迎接未来。**父母应该帮孩子创造机会，让孩子在生活中随时随地综合运用各科知识，形成应对复杂环境的高阶思维，才是正确的选择！**

本章探讨了父母常见的六大迷思，由此发现父母的养育行为在很大程度上是受到了周遭环境的影响，而孩子也并不会对父母施加的影响照单全收。这样的认知结果似乎会让人感到沮丧，但未尝不让父母大大地松一口气。因为这意味着如果父母能够看清自己的能力边界，则只需安心地尽自己的本分，然后静待花开。

█ 养育干货笔记

- 父母理所应当重视和投资孩子的教育。

- 不提倡"打屁股",是因为"讲道理"的养育方式更符合时代要求。

- 父母对孩子命运的影响和控制都很有限。

- 要让孩子在真实生活和复杂情境中锻炼学习能力、适应能力和创新能力。

第 2 章
夸大 vs 攀比，提防两大养育陷阱

第 1 章分析了孩子的发展不全取决于父母的影响，而主要是他们自身天赋禀性和后天环境共同作用的结果。所以，父母一方面应该在教育上倾注心血，另一方面要明白孩子是他们自己命运的掌舵人。

那么为什么每当父母似乎想通了、放下了的时候，只要看到其他父母的拼命劲儿，立刻就无法淡定，几经挣扎之后，多半还是无可奈何地卷入了"鸡娃"的竞赛中呢？

其实人类的这种焦虑心理是物竞天择的结果。那些没有忧患意识的原始人有些因为不小心掉进河里淹死了，有些因为不够警觉被动物吃掉了，还有些因为没有提前储备足够的粮食饿死了……在资源匮乏、生存不易的环境里，未雨绸缪、战战兢兢才是长久的生存和繁衍

之道。因此焦虑不是某个人特定的问题，而是人类共有的倾向，我们需要体谅自己，至少不要因为自责而加重焦虑。

除了人类天生具有焦虑基因外，一些父母的焦虑还往往缘于在与环境互动的过程中产生了认知谬误，从而跌入了一些"养育陷阱"。

夸大陷阱:"滑坡谬误"

我们从小就被自己的父母念叨："整天就知道玩，不好好学习。学习不好，以后怎么考上好的大学？考不上好大学怎么找好的工作？找不到好工作怎么找好的对象，怎么给孩子提供好的生活？……"现在我们到学校去问问孩子们为什么要好好学习，他们也会把刚才这段话大同小异地复述一遍。我们从上一代那里接过焦虑，又把这些焦虑传递给下一代。

我从小是听着父亲"人生虽然漫长，在紧要处却只有几步"的教诲长大的。这话可能有些道理，但在实际操作中，却仿佛处处都是紧要之处：今天孩子贪玩没做作业——不得了，养成这种不做正事、贪图玩乐、没有责任心的习惯，人生毁了！明天孩子突然不想上兴趣班——完蛋了，孩子以后做事情肯定没有毅力、半途而废，多半这辈子也是一事无成！

父母在脑补孩子未来可能发生的糟糕状况时，好像会突然想象力爆棚。当父母把所有听过的、看过的、经历过的负面事件都想象成孩子将要面临的境况时，当然立刻就会给自己和孩子拉响警报。这种认知模式在心理学中被称为"滑坡谬误"(Slippery Slope),即人们往往将小小的不如意夸大臆想成一系列推演出来的灾难。要破除"滑坡谬误",我们可以问自己两个问题:

第一,未来果真会如你所想,一路滑坡至不可收拾吗?

第二,未来就算如你所想,焉知不是上天更好的安排?

以"半途而废"为例。谁能证明孩子放弃一次就会次次放弃?即便他多次放弃,难道真的就会一事无成吗?王阳明是明朝著名的思想家、哲学家、军事家。他不仅开创了心学,也获得了世俗意义上的巨大成功,官至南京兵部尚书、两广总督,而且用兵如神。然而他在年少时曾经有很长一段时间找不到人生目标,今天舞刀弄剑,明天又参禅打坐,一会儿吟诗作赋,一会儿又研习兵法。在今天看来,这不正是做什么都没有常性吗?但王阳明在各种尝试之后逐渐感悟出哪些路走不通,哪些事做不成,哪些事不适合自己,最终立下志向要仿效圣贤,经世济民。一旦选定便再无摇摆,王阳明最终取得了极大成就。

再看一个外国当代企业家的例子。美国苹果公司的创始人史蒂夫·乔布斯上大学时不上自己的专业课,总跑去旁听写字、画画、排版的课程。这在我们看来绝对是不务正业。但乔布斯在日后感悟到:虽然当时自己也没想过这些经验有什么意义,但回顾时却发现每一个不经意的选择,甚至离经叛道的过往,就像一颗颗珍珠,串成了现在的人生。

孩子的一时迷茫不会妨碍他在之后的人生中取得成就，即便孩子遭受了较大的挫折，也未必就耽误了他的一生。这并不是要父母在孩子遇到困难想要放弃时就听之任之，父母当然可以鼓励和帮助孩子，甚至在必要的时候通过外在的监督和压力让他们突破瓶颈，但前提是这是孩子内心想要达成的。而做出这个判断，需要父母花一些心思去了解和观察孩子的想法。

我儿子小 Q 今年 8 岁，在学习钢琴。总的来说，他学琴让我很省心，每天商定好练琴的时间，他到点就去练习，不需要我催促监督，没有出现过"平时母慈子孝，练琴就鸡飞狗跳"的局面。

我家本来就有一台钢琴，我希望小 Q 能学一学，所以会有意引导。例如，让他从小就在钢琴上随意弹奏，让叮叮咚咚的声音将他逗乐；和他一起听莫扎特和肖邦的钢琴曲，尤其是那些需要高超琴技才能演奏的曲子，让他知道世界上还有人能演绎出这样的声音。此外，我还和他分享过电影《风月俏佳人》（*Pretty Woman*）中的一个桥段，就是理查·基尔（Richard Gere）扮演的那位商业大亨，在夜深人静、心绪烦乱时借了酒店餐厅的钢琴独自弹奏的场景，意在向儿子传达：把音乐作为朋友的人是幸福的，当悲伤无人倾诉时，钢琴就是最好的听众。

小 Q 也很"上道"，很快就决定自己要学钢琴。在开始学琴之前，我还和他反复确认了两件事：第一，练琴很苦很累，要有心理准备；第二，他学琴需要我花金钱、花时间。因此，无论任何时候，只要他决定放弃，我都完全同意。这就把放弃的责权都交给了小 Q。这种沟通避免了我追在他屁股后面求着他练钢琴的困扰，但是也并不能保证学钢琴这件事就一帆风顺。

在练习的曲子越来越长、越来越难时，终于有一次，小 Q 因为怎么也弹不好，发了一大通脾气后，十分沮丧地来找我，说自己可能弹不下去了。我当时心中大吃一惊，不过我告诫自己，一定要记住这是孩子自己的选择，是孩子自己的事情，我不应该干涉。

于是我深吸一口气后，平静地问他："你还记得自己为什么开始学钢琴吗？"他点点头，回答："因为想弹大曲子。"他说的大曲子就是我之前给他听的《土耳其进行曲》《幻想曲》之类的完整的钢琴演奏曲。

我接着问他："那你还想弹大曲子吗？"他又点点头。

于是我说："那你不是不想弹钢琴，只是遇到了困难，觉得进行不下去了，对吗？"他再点点头。

我夸张地呼出一口气，看着他说："那我们一起来看看怎么解决困难不就行了。"最终，我通过陪着他反复练习，并及时肯定他的进步，帮助他渡过了难关。虽然这看起来是个完美结局，但只有我自己知道，其实当时我已经做好了准备，如果孩子学钢琴的初心已经改变，不再沉醉于音乐上的成就，那不管我自己觉得多么可惜，多么不舍，也会毅然决然地允许他放弃。只有父母有了这个觉悟，孩子才会真正做出负责任的选择。

《虎妈战歌》的作者蔡美儿，企图用自己女儿的成就证明用强制手段逼迫孩子学习、练琴的正确性和合理性。正如第 1 章所分析的，密集养育和权威型养育在当今社会都有其合理性。但是，父母选择这类养育模式不应该是出于对失去的恐惧。否则，我们会因为"滑坡谬误"，夸大失去的可怕，而强迫孩子做他们本来不喜欢的事情。或许强迫能让孩子坚持到最后，从而获得某项技能或者某种成就，然而，我们这样做的代价是：孩子会越来越习惯听从别人的安排，而不是听从自己内心的渴望。

反观我们自己，可能有人终其一生也没有找到自己真正的志向所在，得过且过地走完了人生。这并不是因为父母不鼓励我们坚持，恰恰和我们小时候过早地被迫选择、被迫坚持有很大关系。在父母的威逼利诱下，我们急急忙忙、不情不愿地早早开始了学钢琴、学书法、学绘画、学象棋……却很少体会到艺术之美和闲暇之乐。即便坚持到取得过级证书，最终这些所谓的"兴趣"和"爱好"在丰富了一下少年时期的"特长栏"后，就被束之高阁。兴趣如此，人生亦如此。有些孩子虽然被父母硬逼着上了名牌大学，找到了稳定工作，却因为缺乏对事业的热爱而陷入迷茫。现在的父母都重视培养孩子的内驱力，而内驱力的先决条件就是自主选择，有了自主选择才能实现自我调控。

如果孩子目前对什么都缺乏兴趣怎么办？答案很简单：再等等。父母给孩子试报了几个兴趣班，安排了几节试听课，就要孩子在划定的范围里必选其一，这是用父母的节奏代替了孩子的节奏，用父母贫乏的想象限制了孩子无限的可能。

消解逼孩子上兴趣班的焦虑其实和消解其他类型的焦虑一样，需要的是"风物长宜放眼量"。在避免过度"脑补"可能产生的糟糕后果之余，还需要把眼光再放长远一点，客观理性地看待未来的得失。父母不应纠结于某个认证、某场比赛或者某次分数，而应以孩子一生的幸福和发展为计，给予孩子选择的空间和自由，让他们按照自己的节奏发展独立的人生。毕竟，孩子的潜力往往是超越我们想象的。

攀比陷阱：扬短抑长

除了夸大消极后果产生的"滑坡谬误"，攀比带来的压力也让不少父母倍感烦恼。不少父母本来打算尊重孩子的选择，但禁不住将自己的孩子与同龄孩子相比，一看别人家的孩子个个多才多艺，立刻就背离了自己的初衷。

进化心理学认为，攀比行为源于动物求偶时雄性为了吸引雌性而进行的"秀肌肉""晒羽毛""拼叫声"等行为。攀比行为的作用是确定族群地位，从而获得交配优势或者进食优势。人类作为高等动物，仍然好比较、爱炫耀。

其实，攀比产生的效果也分正面的和负面的。当攀比心理控制得当，指向积极的时候，它可以点燃好胜心，增强竞争力，让人奋发上进。然而很多时候，攀比带来的影响是负面的，当一个人在攀比中被虚荣蒙蔽了理智，陷入盲目与贪婪，在身心俱疲的同时还会错失发展自身独特优势的机会。

因此，在养育中，父母不是不能攀比，而是不要乱攀比，要提防三个攀比误区。

第一个攀比误区：无视差异，只看表象。主要问题是比较的标准不对。

攀比时选择的参照对象往往要与被比较对象有相似性。然而父母在把自己的孩子和其他孩子进行比较时，参考的所谓的相似性都是非常肤浅的：年龄相仿，班级相同，由同一个老师教学等。孩子的先天特质、后天偏好、家庭本身的复杂因素等，反而都被排除在考虑范围之外。

人的行为是基因和环境共同作用的结果，所以虽然父母能够通过努力，改变和塑造孩子的一些行为，但却不能忽视孩子先天存在的个体差异。这些差异有些与孩子的年龄特征相符合，有些与孩子的特定性格有关系，有些则与孩子的成长环境相关，使得不同的孩子们无论是在思维方式上还是在行为方式上都各不相同。

人类学家曾经对人的不同性格做过研究。美国纽约大学医学院的斯泰拉·切斯（Stella Chess）博士发现，可以按照活跃程度、敏感程度、积极程度、专注程度和坚持程度等将孩子分成不同的类型。有些孩子天性就比较敏感，感受到一点疼痛就大呼小叫；而有些孩子对疼痛却不那么敏感，就算被狠狠打了也似乎不痛不痒。这并不代表前者懦弱而后者勇敢，仅仅说明后者对疼痛不敏感罢了。有些孩子受到一点儿干扰就无法安心做自己的事情，而有些孩子即使周围在敲锣打鼓都不受干扰；有些孩子对任何事情都只有三分钟的热情，而有些孩子做事不达目的绝不罢休，喜欢死磕到底。

把天性不同的孩子放在一起比较，本身就是极不公平的，因为我们比较的往往是先天禀性而非后天努力。而且任何性格都有自身的长短利弊，而父母有时只看到自己孩子的性格劣势，却看不到优势。

第二个攀比误区：只比短处，不比长处。主要问题是比较的焦点不对。

有一些父母判断孩子优不优秀只看成绩。当父母在孩子面前夸赞班里的某个"学习尖子生"时，也许忽略了自己孩子在其他重要的方面远远优于这个"学习尖子生"，比如拥有更好的人缘，或者更具创新能力。毕竟，在我们这一代中就有不少"淘气包"和"学习中等生"在成年后闯出了精彩纷呈的人生道路。

心理学家威廉·H.谢尔登（William H. Sheldon）博士按照不同体型的特质将孩子分为三类：乐天友善、爱吃爱睡的圆型孩子；精力无限、好动好闹的方型孩子；敏感羞怯、好静好独处的长型孩子。

圆型孩子愉快、友善、适应力强，在吃、喝、睡、玩上都不会让父母操心，却可能让父母担心他们没有太多野心，不够努力。方型孩子虽然调皮捣蛋，经常让父母筋疲力尽，但往往在同龄人中颇有号召力，经常是"孩子王"，当他们长大了，这种旺盛的能动性往往使其在人生中取得相当出色的成就。长型孩子幼时因为胆怯、敏感和晚熟可能让父母担心不已，但到了一定年龄，他们往往以某种方式渐渐追赶上来，甚至因为其细腻、冷静和耐心的特质，超越那些发育起步很早的孩子。

任何一种性格都有其消极方面和积极方面，例如，敏感性格可能导致自卑多疑，也可以发展为细腻体贴；果断性格既可能独断专行，又可以发展为雷厉风行；木讷性格从反面看是呆板沉闷，从正面看则是谨慎可靠……任何性格都可以发扬其积极方面。所以父母要尽量引导和肯定孩子性格的积极方面，避免盯着消极方面。

第三个攀比误区：埋怨否定，毫无帮助。主要问题是比较的落脚点不对。

除了前面两个常见误区，父母在攀比时还有一个问题，就是比较的结论往往是指责埋怨，甚至讽刺挖苦孩子。西方有句话："我们是来帮忙的，评判是无益的。"（We are here to help, not to judge.）当孩子做错事的时候，父母有责任坦率地指出来，但需要注意方式方法。

没有人喜欢在比较中屈居下风，人的本性就是追寻来自他人的关注和认可，由此获得他人的喜爱和尊重。试想当我们自己听到"你……不如别人""你……做的没别人好""你看看人家多棒""你怎么搞的，做什么都不如人"这类话时，我们的第一反应往往是抗拒："我怎么就不如人了？他哪有那么好？很多地方还不如我呢！"而紧接的第二反应就是愤怒："人家那么好，你去找他呗！"……世上没有因为别人家的孩子更优秀就真的不喜欢自家孩子的父母，父母之所以比较往往是为了让孩子意识到差距，然后迎头赶上。然而，单纯地指责、抱怨、贴标签等，除了导致孩子的逆反心理和加剧亲子间剑拔弩张的氛围，并无好处——既难以帮助孩子主动地去发现自己的问题和不足，又无助于孩子的反思和改进。

我本人就有这样的童年经历。曾经还在读小学的我欢天喜地拿了一张试卷回家交给父亲，沾沾自喜地告诉他我考了86分。父亲看了我一眼，问道："有考90分以上的同学吗？"我说："有啊，还很多呢。"父亲又问："那你怎么没有考90分以上呢？"

据我父亲后来回忆，他一问出这句话，我眼里的光一瞬间就熄灭了。不仅如此，还是孩子的我等了一会儿幽幽地反问他："你们单位最大的官是什么？"父亲说："主席。"我又问："你是主席吗？"父亲摇摇头。于是我追问："那你为什么不是主席呢？"父亲就沉默了。

那么，父母如何做才能避免攀比，同时又能达到激励孩子的目的呢？以下是一些有效的技巧。

技巧一是先夸优点。为了消解孩子一开始的抵触心理，最好先找到优点夸夸孩子，为后续讨论建立一个积极的情绪基础。例如，"你在诗词朗诵大会上的表现比在家里排练时进步了很多，可见你付出了不少努力，虽然这次没能得到第一名，但是也收获了很多宝贵的经验"，或者"这次你去姥姥家，会观察别人的需要，主动给大家帮忙，真是长大了，懂事了，如果能主动跟大家打招呼就更好了"。

技巧二是客观描述。比较时尽量减少主观性的、情绪性的评价，而是具体客观地描述事实。例如，不要说"你怎么一点儿都不会和人打交道，你看弟弟就比你强多了"，而要指明"在姥姥家，我看到弟弟在遇到第一次见面的长辈时会主动微笑问好，你这时低着头没有作声"。

技巧三是问明原因。孩子做不好，往往不是意愿问题，而是情绪、能力等多种复杂因素交织的结果。父母不问明原因就指责，会让孩子觉得既委屈又孤单，因此在孩子表现不佳时，父母要先询问原因。例如，"你低头默不作声，是不是因为这里对你来说是个完全陌生的场景，你特别不好意思，还是你在走神想别的？没关系，你跟我说说，我帮你分析"。

技巧四是晓以利害。要让孩子自己用好"比较"这个工具，因为只有当孩子明白自己的不当行为会带来何种消极影响，他们才会真正地改进。父母需要告诉孩子相关行为的重要意义，并在讲述中尽量多用"我们"而少用"你"。例如，"如果我们能够大大方方地跟人打招呼，会给别人留下很好的第一印象，也推开了我们和他人沟通的大门"。

技巧五是引导反思。父母还可以引导孩子自己通过对比思考得失，并在孩子需要的时候为他们提供支持和建议。如果我们自己小时候也有类似的糟糕行为，那可以和孩子分享我们当时的改进过程，建立亲子间的同盟感和亲近感。例如，"我小时候也不太好意思跟陌生人打招呼，后来我只把打招呼当成例行公事，一开始还很机械，很不自然，但久而久之发现也没什么大不了的，习惯后不自觉之间已经打完招呼甚至聊上天了"。

技巧六是纵向比较。这一点是最重要的，要尽量避免将孩子与他人对比，可以将孩子与他自己对比。虽然我们习惯把他人的表现作为参照物来评估自己的行为，但这样做的弊端是非常明显的。总是和别的孩子比较，容易引发被比较者之间相互提防，甚至相互憎恶的情绪，让孩子忽略了"尺有所短，寸有所长""以己之长，攻彼之短"的道理。更严重的情况是，由于不当比较，孩子之间出现纷争甚至霸凌的问题。

尤其是在成绩、排名的竞争中，孩子们丧失了共赢这种在现代社会更普遍，也更重要的思维模式。在当今社会，合作能力远远比单打独斗的能力重要。总和别人比没有意义，父母应该引导孩子发挥出自己最大的潜力。

再拿我的孩子小 Q 曾经一次失败的"小导游"考试为例。小 Q 刚进入小学时，学校举办了一系列的竞赛、选拔活动，既丰富了课余活动，也是对新生水平和特长的摸底。作为妈妈，我当然希望小 Q 能够表现得出类拔萃。

有一项评选"小导游"的活动，会先在班级内进行选拔，再进入校一级的选拔，优胜者会代表全校为访校的贵宾进行学校的介绍。在我看来，如果能够赢得这场选优的活动，既能让老师们对小 Q 留下深刻的印象，也是对小 Q 能力的极大肯定，尤其是他已经被选为班级的三名代表之一，我自然是满怀期待。

可惜结果却事与愿违。小 Q 参选那几天我刚好出差，等我回来知道他落选了，而且看完老师发给我的小 Q 的才艺展示视频，我真的大失所望。视频中的小 Q 一看就没有好好准备，表情因为紧张显得呆板，声音也很小；连平时流畅的钢琴弹奏也中途卡壳，只弹了一半就弹不下去了；更气人的是，我一再提醒他要仪容整洁，结果他上台时衬衣一半扎在裤子里，一半露在外面。而在他后面上台的那位女同学表现得非常好，无疑将小 Q 的缺点对比得更加明显。

虽然我在心里早已完成了比较，但我要不要把我的想法告诉小 Q？要不要引导他自己来比较一下？经过思考，我首先调整了自己的心态：把这次活动当成锻炼而非选拔，重过程而不重结果（除了嘴上这样说，内心一定也要真的这么想）。其次，我把这段视频分享给了小 Q，虽然他什么都没说，但是从他的表情中我看得出来，他的心里也是有比较、有想法的。这时或许恰好是引导他正确看待自己和竞争的好机会。

看完视频后，我把上述几个要点跟他做了简单沟通。我首先肯定了他做得不错的方面："小 Q，你的'小导游'解说词都是你自己临场发挥的吗？我觉得你表达得很流畅，把自己喜欢的操场介绍得很清楚，还用了许多成语呢！"这句话说完，耷拉着脑袋准备挨批的小 Q 瞬间打起了精神，马上跟我分享起当时他的小脑瓜里在转着什么想法。

我肯定了他的一些想法后，又问："那我们明明挺不错的，为什么还是落选了呢？"他有点沮丧地总结说："因为别人做得更好"。

我立刻安慰他："小 Q，假如这次我们做得很好进而顺利入选固然不错，但是也因此失去了一个发现不足、提升自己的机会。这次我们虽然没成功，但如果能认真分析，找到自己的不足，没准反而是赚了，能让我们提升更快，以后有合适机会能够做得更好。"看到小 Q 认真地点了点头，很认可的样子，我接着说："那我们要不要看一下后面这位女同学的表现？妈妈觉得她就很不错！"

小 Q 马上跑到我身边看起视频来，看完了我又问他："你觉得你们之间有些什么不同，各有什么优缺点？哪些是我们可以借鉴和改进的？"小 Q 偏着头想了一会儿就总结出了很多，包括我想要指出的声音、表情、衣服等，还包括我没有想到的如何在上台前做好心理调适，如何不受他人干扰，如何在表演前充分准备……这时的小 Q 已经走上了正轨，非常投入地在想"以后如何做得更好"这件事了。

整个沟通过程很轻松，很愉快，耗时也不长。而且我感受到这才是参加这类活动的真正意义所在：在竞争和比较中，让孩子既看到他人的优缺点，更发觉自身的优缺点。将"成长型心态"渗透给孩子，让他不要因落选而心情低落，一蹶不振，懂得把每次"落败"当成一个成长的机会。

总之，在"比娃"这件事上，我们要和孩子一起贯彻"成长型心态"，让孩子相信通过努力可以改变现状，达成目标。要引导孩子关注自身，关注问题，指向进步，指向发展。我们还要避免过度关注孩子某几次的成绩和排名，这不仅会影响孩子的自我评价，还会让父母陷入认知误区。

▌养育干货笔记

- 父母要允许孩子在反复试错中成长。

- 希望通过"比较"激励孩子，就要先夸孩子的优点，客观描述事实，问清孩子落后的原因，并分析利弊，引导孩子思考得失，让他想要更进一步。

第3章
认清养育偏好，学会量体裁衣

当父母懂得如何避开夸大和攀比两大养育陷阱，学会摆脱情绪的控制和他人的裹挟时，就可以冷静、理性地分析自己的父母类型，选择适合自己孩子和家庭的养育方式。父母应该意识到，养育方式绝对不是非此即彼的，可以有多种备选方案同时存在。分析不同养育方式的利弊得失并不是为了找出唯一的标准答案，或者所谓的完美模式；而是为了尽量在充分了解不同的父母类型和养育方式的基础上，结合自身的实际，做出最适合自己的选择。

市面上有大量的养育书籍和父母课程，对于前文提到的放任型养育、专断型养育和权威型养育，关注孩子教育的父母可能都听说过。然而这些不过是对父母养育行为的粗浅归类，映射的是父母在内心深处是如何看待孩子和教育的。就像弗洛伊德的冰山理论中表述的那样，我们表现出来的行为只是潜意识的冰山一角，而那些无法被我们认识到的潜意识逐渐引导了我们的命运。

为什么教：功能派 vs 人本派

父母可能很少会思考这个问题：人性本善还是人性本恶？很多父母会认为思考这种玄而又玄的问题是浪费时间，但是这个问题的答案几乎决定着养育行为的所有选择（表 3-1）。

表 3-1　功能主义和人本主义的理论描述

	功能主义	人本主义
对人的看法	认为人性本恶，人类和其他动物一样为了生存而争斗，做出自私、贪婪的举动，在没有外在压力时会偷懒、放纵、胡来	认为人性本善，人类拥有一股内在力量，即内在监督，促使人成长、完善、尽己所能成为最好的自己
问题的来源	人的放纵、自私和争斗造成了社会的混乱，反过来损害社会中个人的利益	人受到他人和社会的消极影响，失去了成长和正确抉择的能力
教育的目的	为社会培养人才——通过社会秩序和相应教化让不同的人各安其位，建立和谐繁荣的社会，从而有利于其中每个人的发展	个人的个性发展和需求满足——通过思辨训练和博雅教育①，让个体具有质疑精神和广博知识，从而能够发现自我，发展自我
教育的方式	秩序、纪律、奖惩； 强调外在的规训	理解、尊重、引导、支持； 强调内在的感悟
发展历程及代表人物	柏拉图在《理想国》（*The Republic*）中已提出这类主张—启蒙时期自由主义的代表人物约翰·洛克在《绅士的教育》（*The British Imperial Gentlemen Association*）中也有类似观点—19 世纪下半叶社会本位论得到长足发展； 代表人物：凯兴斯泰纳、孔德、涂尔干	古希腊智者派—文艺复兴时期的人本主义—启蒙时期的自然主义—20 世纪的人本主义； 代表人物：卢梭、裴斯泰洛奇、福禄贝尔、康德、罗杰斯、马斯洛、萨特、蒙台梭利、杜威

① 博雅教育又称通识教育，是始于古希腊的一种重要教育观念，旨在培养有广博知识和优雅气质的人，是一种不同于专业教育的通才素质教育。——编者注

如果你觉得表 3-1 读起来艰深又陌生，那么表 3-2 则通俗易懂得多：

表 3-2　图书、媒体宣传、影视作品中的功能主义和人本主义

功能主义		人本主义
《虎妈战歌》； 各类培训机构及自媒体中"现在对孩子不狠，以后社会对孩子更狠"之类的言论		《不管教的勇气》； 《你就是孩子最好的玩具》(The Go-To Mom's Parent's Guide to Emotion Coaching Young Children)； 《不吼不叫》(Is That Me Yelling?)； 《陪孩子终身成长》
《地球上的星星》 (Taare Zameen Par)	学校中大部分的教师； 信条：劳动、服从	美术老师尼克； 信条：每个孩子都是特殊的，他们会走出属于自己的路
《放牛班的春天》 (Les Choristes)	校长及其他教师； 信条：一犯错就惩罚	音乐老师马修； 信条：用音乐发现和开启孩子内心的善良
《死亡诗社》 (Dead Poets Society)	校长及其他老师； 信条：传统、荣誉、纪律、卓越	诗歌老师基廷； 信条：点燃热情，找到自己，不拘世俗

一些父母也许没有觉察到，自己的内心对孩子是有一个基本预设的。如果父母倾向于认为人性本恶，就更容易认同教育是一个"驯化"的过程；需要通过对孩子的管束和规训，让他成为一个对内可以养家糊口，对外能够服务社会的人。相应地，这类父母多半会采取偏专断型的方式养育孩子。

如果父母相信人性本善，则更容易认同孩子生来就有成长和完善自我的内在力量；教育就是帮助孩子发现自己和完善自己的过程；

教育的目的不是让孩子成为某种社会机器的螺丝钉，而是让他们发挥自己的潜能，成为最好的自己。相应地，在养育当中，这类父母也更可能强调顺应孩子的天性，尊重孩子的选择，采取偏放任型的养育方式。

功能主义和人本主义的争论从柏拉图的《理想国》和卢梭的《爱弥儿》就拉开了序幕，后面还有无数教育学和心理学的学者深入研究，从而形成了不同的教育流派。我们在此提出这个问题的目的不是要让父母们来判定孰是孰非，而是让父母们对自己的养育偏好做更深一步的了解。

总的来说，当前教育学界倾向于认为，后天引导对个体的影响是巨大的。在引导中，不应该单纯地强调个体应该承担的社会担当和责任，而应该同时强调个体的自我发现和自我满足。事实上，个体的追求是社会进步的基础——正是每个人在实现自身需求的同时推动着社会前进。

当我去小学调研，问孩子们为什么要学习的时候，孩子们都会说"因为不好好学习，就找不到工作"。没有一个孩子会说"如果不好好学习，我就无法了解世界的许多奥秘，我就没有办法实现自己的梦想"。甚至，孩子们都不知道自己究竟有什么梦想。关键是，从孩子们回答问题时那种敷衍了事的态度，大致能想到父母和老师们已经在他们耳边灌输了无数遍这种观念，而孩子们内心深处其实并不认同。

因此，父母请勿将养家糊口当作教育的唯一目的，请勿将规训孩子当作教育的唯一手段。理解孩子的天性，了解他们的梦想，支持他们的探索，会让孩子在变优秀的路上事半功倍，养家糊口也就水到渠成了。

教什么：知识派 vs 素养派

我们应该重点教孩子什么？这个问题一直都众说纷纭：是重点教孩子放之四海而皆准的知识，重点培养他们从事某种职业的技能，还是依据他们的兴趣重点发展个人特长？

这些问题困扰着古往今来的教育家们。最终，纷繁复杂的观点被聚类成了三种关于"教什么"的基本主张。

第一种，倡导以知识为中心，认为孩子应该学习和传承人类积攒的最有价值的精神财富；学习内容应该按照科目和知识本身的逻辑组织，根据年级高低由浅入深，循序渐进。

第二种，倡导以个人为中心，强调学习者自身的需要和兴趣，认为学生应该被置于教学的中心，依据学生本身的生活经验，"在做中学"。甚至在一些教学实验中，学校设置了商店、市场、银行等，把学校变成了一个真实的小社会。

第三种，提倡以社会为中心，认为教育应该为不同的工作岗位培养人才。因此，这种观点反对没有明确指向的博雅教育，提倡培养专业人才的职业教育。

而父母往往都是学校考什么，就配合着教什么。那么父母能不能更进一步地了解一下，当前的学校到底要教给孩子什么呢？

学校教什么取决于国家需要什么样的人才。这是一个逆向设计的过程。

国家需要什么样的人才，就制定什么样的课程标准；有什么样的课程标准，就对应什么样的考核标准；而高考像指挥棒，指挥着中小学的课堂教学和父母的养育行为。简而言之，国家需要什么人才就考什么；国家考什么，学校和父母就教什么。

从新中国成立以来，国家一直贯彻着每十年课程改革一轮的部署。当前，世界各国都在倡导培养下一代的"21 世纪关键能力"，比如，使用工具进行沟通的能力、在异质集体中交流的能力、自律地行动的能力、反思性思维的能力，等等。

中国也结合这一思路，并基于国情，在 2022 年颁布了新的课程标准，明确了要求学生具备的核心素养（图 3-1），这也成为中国新一轮基础教育课程教学改革以及高考招生改革参照的基本依据。

很多父母看到核心素养的内容，会有些诧异，但同时也会由衷感到：这才是一个全面的、优秀的人才应该具备的素质。

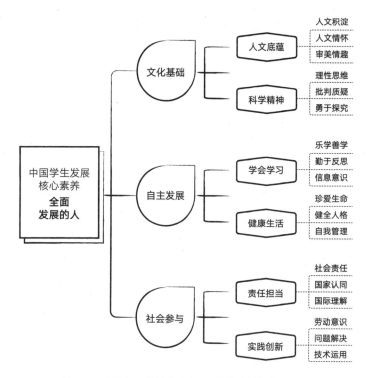

图 3-1　中国新一轮基础教育课程教学改革的育人目标

　　核心素养包括了三大版块：文化基础、自主发展和社会参与。第一板块"文化基础"可能是父母最熟悉的，强调通过知识的学习获得人文积淀、人文情怀等人文底蕴，还在此基础上加入了审美情趣，同时也加入了理性思维、批判质疑和勇于探究的科学精神；第二版块"自主发展"是历史上第一次出现在中国基础教育的育人目标中，要求孩子学会学习和健康生活，其中在学会学习维度上要求孩子乐学善学、勤于反思、具备信息意识，而健康生活维度则包括了珍爱生命、健全人格和自我管理；最后一个板块"社会参与"的内容类似以前的德育，但又有极大的拓展，它包括责任担当和实践创新两个维度，在责任担当维度上要求孩子有社会责任、国家认同、国际理解的意识，而在实践创新维度上要求孩子具备劳动意识、问题解决意识和技术运用能力。

相应地，基础教育对语文、数学、外语等传统主科的要求也有了显著变化。

以小学语文为例，以前强调的是对字、词、句、段的记忆、理解和掌握；而现在要求孩子具备四种核心能力：第一是语言建构与运用的能力，第二是思维发展与提升的能力，第三是审美鉴赏与创造的能力，第四是文化传承与理解的能力。

数学学科也是这样，由原来仅仅强调计算、推理等，拓展至数学抽象、逻辑推理、数学建模、数学运算、直观想象和数据分析六个方面。

有些父母对于学校要求孩子进行的项目式学习和探究式学习也非常不解，甚至有些抵触。事实上，**核心素养正是对教育要"教什么"的回答，它将很快反映在考试中**。

在重视核心素养的时代，以前那种仅靠机械记忆和反复刷题的做法将逐渐被抛弃，新时代下更需要父母帮助孩子拓展眼界，增强学习能力。

怎么教：行为派 vs 建构派

再来思考一个问题：什么样的教育手段是有效的？也就是"怎么教"的问题。

苦口婆心地说教能不能让孩子变乖？打骂规训能不能避免孩子犯错？反复刷题能不能让成绩变好？"两耳不闻窗外事，一心只读圣贤书"能不能让学习效率提高？对于这些问题，有些父母的想法，包括不少养育书籍给出的答案都稍显简单和绝对化了。

事实上，不止我们这个时代的父母在思考这些问题，几百年前的父母也在思考。教育学和心理学针对这类问题做过大量实验，并形成了诸如行为主义、认知主义、情感主义和建构主义等种种观点。

例如我们熟悉的实验——巴甫洛夫的狗。在投喂食物时摇铃，可以让小狗对摇铃产生流口水的条件反射。基于这个实验，行为主义认为：人和动物一样，是通过条件反射来学习的。由此，心理学家华生提出了环境对生物体的"刺激—反应—强化"理论，认为教育最重要的就是设计"强化"环节，例如设计奖惩行为，设计测验达成目标等。

然而，很快人们就发现，人类的学习并不完全等同于动物的条件反射。由此，认知主义教学流派认为，学习的基础是学习者内部心理结构的形成和改组，而不是简单的刺激—反应联结的形成。学生不是被动的知识接收者，而是积极的信息加工者。所以，教学中要采用

"发现教学法"，教育者的作用不是预先准备齐全的知识，而是创设可以让孩子自己学习的环境。这种理论的发展促成了美国 20 世纪 60 年代中小学课程与教学的改革。

然而，对心理结构的研究无法完全概括学习发生的过程，因为它忽略了一个重要的因素——人的情感和情绪。情感主义反对认知主义把人当作冷血动物，认为真正的学习不仅要为学生提供事实，而且要使学生发现自己的独特品质。他们倡导理解、倾听学生的"非指导性教学"，号召培养自我发现、自我发展和自我实现的人。这种教学主张也常常被称作"学生中心教育"。

当前，中外教育学专家们普遍推崇和追求的教学方式则是建构主义。"建构"意为"建设和重构"。这种主张其实是认知主义在当代的发展，它强调人的巨大潜能，认为教学要将学生现有的知识经验作为新知识的生长点，引导学生从原有的知识经验中生长出新的知识经验。学习既不是单纯的环境刺激的结果，也不仅仅是人的内在发现，而是在一定的社会文化环境下，通过人际间的交往协作而实现的意义建构的过程。因此建构主义主张情景创设和支架式、抛锚式、随机进入式教学。如果我们走进今天的学校，会发现一系列在我们读书时不熟悉的教学方式，诸如小组合作，项目式、探究式学习等，这就是建构式教学的体现。

通过"为什么教""教什么""怎么教"这三个基本问题梳理了教育观念之后，我们再来看看养育行为的具体类型。

养育行为：专断、放任和权威

我们可以按照不同的标准将养育行为分成多种类型，最简单的一种就是依据父母在养育上面花费的时间和精力，以及父母参与亲子互动的频率等指标，将养育方式分为密集型和非密集型。前文已经提到，由于家庭教育的重要性提升，全球都出现了倾向于密集养育的趋势。

另一种分类是由美国加州大学伯克利分校的发展心理学家戴安娜·鲍姆林德（Diana Baumrind）提出的，依据父母对子女管教态度的不同划分的三种养育方式，也就是我们在前文中多次提到的：专断型、放任型和权威型养育方式。

按照鲍姆林德的描述[①]，**专断型养育方式指父母要求孩子绝对服从，并对孩子严加管控。**专断型父母往往相信一套由更高权威制定的，看似神圣不可侵犯的绝对标准，并依据这类标准试图用一系列行为准则塑造、控制并评估孩子的行为和态度；往往将"服从"看成一种美德；当孩子的行为和信念与父母发生冲突时，喜欢用惩罚性、强迫性的手段来限制孩子的自我意志；喜欢让孩子循规蹈矩并给他们分配责任；相信秩序和传统；不喜欢讨论，认为孩子应该接受父母说的就是对的。

简而言之，对于专断型父母而言，"我说什么就是什么"。不过，

---

① Baumrind. Effects of Authoritative Parental Control on Child Behavior [J]. *Child Development*, 1966,37(4):890.

虽然专断型父母中的确有对孩子拳脚相向，恶语相加的，但专断型父母并不一定都是严厉的、不通情理的。一位和蔼可亲的母亲可能对孩子非常温和也非常耐心，但仍然坚持孩子要按照自己说的去做，并且不需要解释原因。

放任型养育方式恰好是专断型养育方式的对立面，指父母尊崇一种自由放任的方式，鼓励孩子独立自主。放任型父母并不鼓励孩子遵从外部给定的法则，也尽量避免控制孩子的行为，允许孩子尽可能地自我调节和自我规范；主张以非惩罚性、接受性和肯定性的态度对待孩子的冲动、欲望和行为；对家庭责任和秩序几乎不做要求，愿意与孩子就家中的政策进行协商，并且会对家中的规定做出解释；认为自己并非孩子的效仿榜样，也非塑造或改变孩子的责任人，而更像是孩子可以自主使用的资源。

简而言之，这类父母更倾向于"孩子说什么就是什么"。虽然欧美国家存在一些极端的对孩子不加干涉的忽视型父母，但是持放任型养育主张的父母并非都是对子女不闻不问的忽视型父母，他们也关心孩子并希望孩子好，只是他们相信给予孩子很多自由是实现这一目标的最佳办法。虽然放任型父母不一定知道人本主义，但是如果他们知道功能主义和人本主义的争论，相信他们大多数都是人本主义的忠实支持者。

权威型养育方式似乎是专断型和放任型的完美结合，它有时也被描述成民主的养育方式。权威型父母不会任由孩子自行发展，他们同专断型父母一样试图影响孩子的选择，但方式不是通过命令和约束，而是通过讲道理和引导价值观。权威型父母既强调自己作为成年人的观点，也认可孩子的个人兴趣和行为方式；既肯定孩子目前的行为，也为未来设立目标；在发生分歧时，既会对孩子施加坚定的控制，但又不会完全限制孩子；鼓励交流上的互相让步，并会向孩子说明自己坚持的方针背后的道理；在孩子拒绝遵循父母的方针时，会倾听孩子的反对意见；认为自主意愿和遵守纪律同样重要。

简而言之，权威型父母会"引导孩子按照我说的做"。我们可以看到，无论是在鲍姆林德的描述中，还是在以《正面管教》为代表的一系列养育书籍或文章中，权威型养育往往都被认为是值得倡导的养育方式（表3-3）。

表3-3　专断型、放任型和权威型三种养育方式的对照

	专断型	放任型	权威型
定义	父母说什么就是什么	孩子说什么就是什么	引导孩子按照父母说的做
特征	要求孩子绝对服从，并对孩子严加管控	尊崇自由放任，鼓励孩子独立自主	通过引导影响孩子的行为选择
相信什么	孩子应遵从绝对标准	不鼓励遵从外部法则，避免控制孩子的行为	控制必须建立在尊重孩子的基础上
重视什么	服从、秩序、传统和责任	孩子的自我调节和自我规范	自主意愿和遵守纪律同等重要
处理冲突的手段	惩罚和强迫	接受、肯定、协商和解释	坚定控制，向孩子说明理由，并倾听孩子的意见
对孩子自主权的态度	限制	鼓励	有条件地尊重
是否鼓励讨论	否	是	是

不少养育书籍中的分类方式都是这种分类框架的变体。例如，

《正面管教》中将父母分为过度控制的严厉型、没有限制的娇纵型、有权威且和善与坚定并行的正面管教型。"和善而坚定"是正面管教的核心思想，是尊重孩子的情感和贯彻父母的权威两者的完美结合。

此外，《你就是孩子最好的玩具》一书对负面养育的方式进行了更加细致的分类，将其分成了控制性、放任型、贿赂型、忽视型和否定型。其中，贿赂型指的是通过给予孩子外在奖励来实行对孩子的控制；而忽视型和否定型则是要么对孩子的需求视而不见，要么否认孩子需求的合理性从而不予理会。由此一来，我们可以认识到诸如"鸡娃""佛系"等都是养育方式上较为粗放的标签。通过对前面内容的整合，本书总结出一套更加细致的分类（图 3-2），供父母们对照参考。

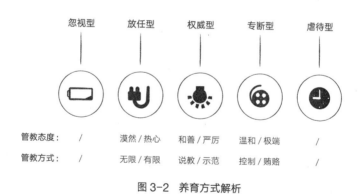

图 3-2　养育方式解析

在图 3-2 中，按照父母对孩子施加影响程度的由弱至强，养育方式依次分为忽视型、放任型、权威型、专断型和虐待型。其中忽视型、放任型、权威型和专断型是依据父母的参与程度和养育观念做出的划分，而虐待型是指父母完全把孩子当成了自己随意打骂的附庸和发泄情绪的工具，极端的专断型有时也会发展出这种糟糕的状况，有些父母虐待孩子并不一定出于教育的目的，而是纯粹的失控行为。

在此基础上，放任型养育方式又可以依据父母不同的管教态度分为漠然和热心两种，也可以依据父母的管教方式分为无限放任和有限放任两种。权威型养育方式按照父母的管教态度可以分为和善与严厉两种，而按照管教方式则可分为说教与示范两种。专断型养育方式按照父母的管教态度可以分为温和与极端两种，按管教方式又可以分为控制与贿赂两种……这些分类并不是绝对的，而是充满了重合与交叉的，所以某些父母很可能在一些问题上是和善权威型，在另一些问题上却变成了贿赂专断型。按照这种分类，忽视型、放任型和权威型都有"佛系"的特质，而权威型、专断型和虐待型也都有"鸡娃"的因素。

在重新设计我们的养育方式之前，如果能够参照这种更精细的分类来反思我们当前的养育行为和养育偏好，将不无裨益。

养育态度：认同、反思和游离

介绍完教育观念和养育行为，最后再来分析养育态度。依据中国学者的研究，中国城市家庭的养育行为呈现出一种高度趋同的模式，其共同的特征包括：母亲在教育方面的职责陡增，以"教育经纪人"式的职业化标准来追求子女在"教育市场"中的"经营业绩"；竞争性养育方式渐成气候，表现为早教低龄化、智育倾向明显、跨阶层参与、高代价化，并伴随着结构性的养育焦虑；父母高度卷入孩子的成长和教育；新一代父母正在形成国际化养育观，一种以儿童为中心、依赖专家指导、高投入、高消费的精英主义养育观；"杂食性"的培养策略明显，一方面强调素质教育和快乐，另一方面却不断加码学习的难度和强度，旨在取得教育回报。[①]

然而，针对这类趋同的养育模式，父母们的态度却有所不同，大致分为认同、反思和游离三种。

认同型父母虽然有现代养育理念，但仍扮演着传统社会时的权威角色。 这类父母接受密集养育的逻辑，期望孩子就读国内外名校，为孩子提供学术资源、国外旅游等支持，以期待孩子拥有国际视野；虽然在学习上对孩子严格要求，但也担心过于严厉将产生不好的影响。除此之外，这类父母会充分利用自己多年的学习经验和职场经验，扮演"教育经纪人"的角色，工作内容包括帮助和指导孩子的学习，给孩子报各类兴趣班。

在认同型父母的养育下，孩子的天赋和才能得到了最大程度的发挥，但孩子失去了自由玩耍的时间，其代价是父母和孩子的疲惫不堪。

反思型父母往往围绕着"什么才是好的教育"在养育实践中不断地反思和调整。 这类父母并不完全认可主流的养育逻辑；注重以长远的眼光看待孩子的成长；认同孩子的成长需要指导，也会积极参与孩

[①] 段岩娜. 认同、反思与游离：城市中产家庭"密集型育儿"的类型化分析 [J]. 云南社会科学，2021（06）：142-148.

子的教育，但认为培养认知能力和非认知能力（毅力、抗逆力、团队协作能力、情商等）一样重要。因此，他们的教育期望不是让孩子上名校，而是让孩子成为优秀的人。这类父母比较关注如何在学习和快乐童年之间取得平衡；会运用"讲道理"而非命令的方式与孩子沟通，并允许孩子反驳父母；注重营造亲密、平等、和谐的家庭氛围，并在闲暇时间带孩子自由自在地玩耍，和孩子聊天，引导孩子表达自己的情绪和需要，用启发式的方式和孩子沟通等。可以说，给孩子适度的引导和鼓励是反思型父母的重要特征。

反思型父母在"教育内卷"和"抢跑"等为主流的大环境下也会焦虑，不过大部分父母尚能在追问"什么才是好的教育"时回归初衷，恢复理性。在养育策略上，反思型父母会参与一部分教育，例如，在能力范围内选择最好的教育资源，有意识排除竞争过于激烈的民办学校，而选择优质的公立学校；注重孩子非学科的学习，将自己职场上积累的文化资本、专业技能等转化为养育资源。

反思型父母重视对孩子认知能力和非认知能力的培育，孩子在学习和自由玩耍之间得到了相对的平衡，然而父母却经常处于养育理念和社会现实的矛盾之中。

游离型父母则是离开主流教育选择新式教育，以自然成长为理念的一批父母。其实，这样的新型教育模式需要父母参与更多，有更高的经济资本和文化资本。这类父母往往希望孩子享受童年，关注孩子的幸福童年、内在动力、情绪流动等，从而避免主流教育的负面影响，没有明确的教育期待；在亲子互动上，愿意进行有效陪伴与平等沟通，尽量做到尊重、信任孩子，并关注孩子的心理健康，有意识地培养孩子理解幸福和感受幸福的能力。

在养育策略上，游离型父母往往能充分利用家庭、社会和学校三位一体的合作，除了学业成绩，更注重非学科类知识和能力的培养，会根据孩子的兴趣爱好给孩子报两三个的兴趣班，同时拓宽学习的广度，尝试共同营造一种接近理想的教育环境。

游离型父母让孩子实现了自然教育与快乐成长，却面临着新型的教育观念与传统的教育体制之间的矛盾和冲突，增加了孩子未来教育的不确定性，而且常常以家庭的分离和父母职业的中断为代价。

由此可见，不同的养育实践与父母的教育期望、职业、社会流动、资源约束（金钱、时间和能力）以及未来预期都关系密切。所以虽然父母都希望孩子有幸福人生，但在实践上却各有不同。

当然，现实中以上三种类型并不一定能截然划分，但我们还是可以据此分类来分析自己的养育偏好和养育风格。

在梳理了不同的教育观念、养育行为和养育态度之后，父母再思考如何设计出适合自己孩子和家庭的养育方式就容易多了。

找到适合自己的养育方式

很多父母都会想要一个关于养育方式的最终答案。其实，如果养育有标准答案，那就是量体裁衣，父母需要依据自己的条件和诉求来思考和选择最适合自己孩子和家庭的养育方式。本书将从三个维度，分三步带父母梳理出最适合自己孩子和家庭的养育方式，并给出量体裁衣的具体思路和步骤。

第一步，认清教育观念。 首先，要知道在养育中该做什么。父母对孩子的影响是有限的，而且需要和学校配合。由于孩子大部分的学习活动都在学校完成，因此父母在家庭中真正应该培养的是孩子的学习习惯和道德品质，而不是越俎代庖地去教授孩子知识。虽然学校也有教授思想品德的课程，但孩子的言谈举止和品格德行还是主要承袭于父母。这就是为什么同样的学校，教出来的孩子却各有不同。

无论是学习习惯还是道德品质，这些在教育学中都属于策略性知识，是不可能完全靠讲授来获得的，最有效的习得方法是潜移默化。因此家庭最应该教给孩子的学习习惯和道德品质，主要要靠父母的言传身教。从这个意义上说，养育是父母与孩子共同的修行。

其次，要知道在养育中能怎么做。一套能够一以贯之的养育方式，势必是和教育观念相吻合的。所以父母必须首先通过"为什么教""教什么""怎么教"这三个基本问题明晰自己的教育观念。

父母如果认为孩子什么也不懂，必须服从大人的管教和规训，那么就算再认可放任型或权威型养育方式，在养育实操中运用这些原则时也很容易动作变形，或者难以持续。同样，父母如果内心深处坚信应该放手让孩子走一条自己的路，那为了适应学校的要求或者迫于升学的压力而采用专断的方式强迫孩子学习，就会让自己内心不安，行为摇摆。

所以，父母需要反思自己的成长经历、教育体验和过往行为，分析出自己内心所持的教育观念，当养育方式和教育观念一致时就坚持，当养育方式与教育观念不吻合时，应该意识到只改进策略的细枝末节难以产生持久的效果，只有从根本上统一养育方式和教育观念，才有可能在养育上取得真正的成效。

第二步，认清家庭条件。除了认清自己的观念，认清自身的家庭条件也非常有必要。在《不平等的童年》(*Unequal Childhoods*) 这本书里，美国宾夕法尼亚大学的社会学教授安妮特·拉鲁 (Annette Lareau) 描述了自己通过沉浸式观察、调研的发现：贫困家庭、工人阶级家庭、中产阶级家庭及富有家庭的孩子，在学校和在家中的生活有着巨大差异，而不同家庭的父母在养育理念和具体做法上也有显著不同。

拉鲁让我们看到，家庭的客观条件在很大程度上制约着父母如何选择养育方式：父母能够花费在孩子身上的时间、金钱、精力，父母本身所具备的文化水平，孩子就读学校的环境，以及父母与学校教师的关系等，都决定着父母会以什么样的方式来教导孩子。

例如，如果父母在工作之余几乎没有闲暇时间，那无论自身意愿如何，采用密集养育都不现实。如果父母空余时间少而文化水平低，则很难采用注重说教的权威型养育方式，可以更多地选择以身作则，用自己的踏实、努力和勤奋感染孩子，做以示范为主的权威型父母。正如有些农村父母，虽然讲不出什么高深的道理，但是通过言传身教把自身勤劳、奋斗、正直、善良等优良品质传给了孩子，一样能够培养出勤学上进、非常优秀的孩子。

如果父母和孩子在一起的时间实在有限，而且还有不得不完成的非常多的琐事，那么做温和的专断型父母或者热心的放任型父母，也一定好于对孩子打骂虐待或置之不理。

第三步，认清孩子特点。父母往往会忽略了孩子自身分属不同类型而进行盲目攀比，最终父母和孩子都陷入困境。因此我们应该明确认识到，对于不同天性禀赋的孩子，使用不同的适切的养育方式和策略，才会收到事半功倍的效果。这个道理大部分人都懂，但要真正做到非常不易。我先生曾经跟我分享过他成长中的一段经历，让我对此又多了一层认识。

我先生在学生时代是个"学霸"，但在刚上初一那年，由于沉迷打游戏，成绩一度直线下滑。期中考试后，班主任去家访，在阳台上和他单独聊了很久。老师走后，我公公正想要走过去好好地将我先生教训一番，被我婆婆拉住了，她指了指我先生面前摆着的一棵松树盆栽。天哪，在我先生和班主任聊天的过程中，那棵本来郁郁葱葱的松树，竟然被我先生一根一根地拔光了松针，变成了一棵光秃秃的树！于是，我婆婆暗中冲我公公摆摆手，两个人只是给我先生倒了杯水，说了句"以后可要注意"，就没再说别的了。

据我先生回忆，他当时自我要求高，爱面子，内心还极其敏感，如果再被父母狠狠地数落一顿，很可能会因为自尊心受挫而变得消沉，甚至叛逆。恰恰是父母的宽容，让他有空间可以调整情绪，很快回到了正轨，在期末考试中再次取得了优秀的成绩。由此可见，父母的因材施教，也许并不需要多少教育技巧，却需要敏锐观察和耐心包容。

说到养育这件事，我其实很敬佩我婆婆。她没有太高的学历，不是职场精英，就是非常传统的妻子和母亲。据我先生回忆，年幼时我公公很忙，主要是我婆婆来照管家庭。我婆婆从来没有辅导过他的作业，也没有给他报过兴趣班，只是每天清晨 5 点半就起床为他做猪肉粥，辛勤地维持着一家平稳规律的生活。于是，他也在这种潜移默化下变得勤奋、踏实、自律，而这恰恰是学业进步的基本保证。我婆婆没有刻意地教他什么，但是她的做法在我看来却有大道合乎自然的养育智慧。

事实上，很多成绩优异的孩子，家庭条件很普通，也没有上过培训班。所以，养育并不是投入越多产出就越大。我们每个人都应该有选择适合自己孩子和家庭的养育方式的自信。

需要提醒父母，即便审时度势设计出一套养育方式，也不应该是一成不变的僵化模式，而应该是永远不断完善发展的动态过程。因为随着孩子年龄的增加、心理的变化，父母自身经验的累积，以及时代的不断变化更迭，父母总是要根据新情况、新形势反复思考和调整养育方式，这才能一直保证养育方式是适合自己孩子和家庭的。

▌养育干货笔记

- 教育是为了让孩子发现和完善自我，而养家糊口是在这个过程中水到渠成的事。

- 时代对孩子核心素养的要求，正反映在考试中。

- 教育不只要对孩子进行知识刺激，也不只要鼓励孩子发现自我，而要让孩子在交流协作中，从原有的知识经验中生长出新的知识经验。

法 则 二

不贴标签，
顺应孩子天性

你是想要一个"理想孩子",还是
想让孩子实现他的理想?

第 4 章
"做坏事"是人的天性

.

在前 3 章中，我们梳理了如何选择适合自己孩子和家庭的养育模式，做到不跟风，看清自己的养育目标。接下来将分析养育孩子所需遵循的基本规律，帮助父母解决发生在孩子身上的那些由天性引发的问题。

首先，养育中父母最大的烦恼是什么？不外乎孩子屡劝不听、屡教不改，去做一些在父母看起来很糟糕的事，如学习偷懒、上课走神、没规没矩、沉溺游戏，等等。

父母的另一大烦恼可能是，只要孩子一出现状况，自己便不由自主暴跳如雷、上纲上线。父母常常对孩子没有表现得更勤奋、更上进、更懂事而感到失望，同时也常常对自己没有表现得更淡定、更温柔、更讲理而感到后悔。明明每次"搞砸"后，父母都会反思、总结、讲理，但仍然常常在"孩子犯错—自己失控"的恶性循环中重蹈覆辙，这让父母困惑不已且深感挫败。

如何打破这个恶性循环呢？父母首先需要明白一件事："做坏事"是人的天性！这句话是基于教育学、心理学和脑科学的研究结果总结出来的。如果父母想要真正解决孩子的成长问题，则需要抛开纷繁复杂的表象，直接进入人类的颅腔，看看一切问题的源头——人类进化了数百万年却仍旧"不完美"的大脑。

大脑的"三位一体"

20 世纪 60 年代，神经病学家保罗·麦克林（Paul Maclean）曾提出一个假说：人类的大脑可以被看作一个"三位一体"的结构。大脑中最核心的构造是最先进化形成的"爬行动物脑"，这一结构大约在 2.5 亿年前就形成了，包括了脑干、小脑和基底核的一些大脑组织。它存在的目的就是生存和繁衍，控制着心跳、呼吸、打架、逃命、进食和繁殖等生命基本功能，不产生情感和理智，只产生应激反应，因此也被称为"本能脑"。

在"本能脑"的外层覆盖着"古哺乳动物脑"，由海马体、杏仁核等组织构成。大脑的这部分会对外界刺激做出更复杂的综合反应，产生包括恐惧、兴奋等感觉和情绪。家里的宠物（如猫、狗）虽然不具备人类的理智，但具有和人类类似的情感，就是拜古哺乳动物脑所赐。所以大脑的这部分也被称为"情绪脑"。

　　而在"情绪脑"的外面还覆盖着一层灵长类特有的脑部结构——"新哺乳动物脑",也就是现在常说的新皮质。它占据着整个脑容量的三分之二,分为左右两个半球,是我们大脑中的"总司令"。它控制着人类大部分的高级认知功能,如思考、表达和创造;还能抑制一些低级中枢(如"爬行动物脑")的活动,产生意志力和自控力,防止我们做出一些不恰当的行为,所以也被称为"理性脑"。可以说人类的一切文明都建立在理性脑的基础之上,否则我们将与动物没有区别。

　　那为什么说"做坏事"是人的天性呢?因为这三部分大脑各自的信息摄入和能量供给是有先后顺序的。身体结构决定了神经末梢传递回来的各种刺激,以及血液携带的大量养分都会首先经过最里层的本能脑,继而情绪脑,最后才抵达理性脑。本能脑的反应速度是理性脑的 8 万倍,情绪脑的反应速度是理性脑的 20 倍左右。所以,冲动和情绪总是先于理性产生。

　　由此可见,大脑的首要任务并不是让人类变得更自律、更聪明、更强大,而仅仅是满足生存和繁衍的本能。人类本身就具有及时行乐、逃避困难、缺乏耐心和多疑妄想的特点。当出现一些可能的潜在威胁时,这些冲动向大脑传递着压倒一切的生理反应。与本能脑和情绪脑相比,理性脑的实力显得有些不济,大多数时候理性都会屈服于本能和感情。

　　这样看来,父母和孩子真是一个战壕中的战友,参与着同一场战役,那就是如何更多地摆脱"兽性",趋向"人性"。现代社会所强调的学习和成长,在某种意义上是"对抗天性"的——抑制原始冲动和情绪反应，学习如何冷静下来，理性思考。

用天性来对抗天性

怎么样能战胜天性呢？最好的办法就是用天性来对抗天性。

在《自控力》(*The Willpower Instinct*) 这本书中，凯利·麦格尼格尔 (Kelly McGonigal) 教授提出：人类天生就有抵制诱惑的能力，虽然我们会对各类刺激形成"我要做"（如我要吃零食或者看电视）和"我不要"（如我不要做作业或者参加体育锻炼），并由这两种意愿导向相应的行为，但它们却不是意志力的全部。能够让我们在该说"不"时说"不"，在该说"要"时说"要"，是由意志力中的第三种力量——"我想要"来决定的。

要牢记自己真正想要的是什么，这能帮我们在关键时刻遏制冲动，明确目标，成功地调控"我要做"和"我不要"的行为。这才是内在驱动力的秘密，只要孩子内心真的想要，这个目标就会给他强大的力量去扫除障碍，克服冲动，探寻出实现目标的最佳路径，根本不需要外力的监督和鞭策。

不过，这里要提醒父母两点：第一点，"我想要"的力量需要依靠大脑的前额叶调动人类特有的能力——自控力完成，因此，自控力是有生理基础的。比如，成人在试图戒烟或者戒掉甜食的阶段，特别容易失控。因为在压力过大和养分不足时，前额叶无法好好工作，于是自控力也跟着下线了。这就是为什么如果父母吵架或者经常打骂孩子，孩子在压力之下就会注意力不集中、成绩下滑。同样，孩子睡眠不足或者情绪低落，也会影响他们的专注力和意志力。

父母的状态也同样受前额叶影响。当父母累了一天回到家，还要辅导或者检查孩子的功课，大脑前额叶已经力竭，这时哪怕孩子没有做多么过分的错事，父母也会突然情绪失控向孩子发火，这是压力和疲劳累积的后果。

所以，要更好地发挥孩子"我想要"的力量，首先，需要对孩子好一点儿，保证孩子有充足的睡眠、饱满的情绪；其次，我们还需要对自己也好一点儿，辅导孩子功课前享受一杯咖啡或者奶茶，给自己的前额叶提供一点儿能量，在一种开心、轻松的氛围里，高效地为孩子的学习提供必要的支持。

打破完美孩子幻象

另外，特别需要提醒一点，孩子的"我想要"和父母的"我想要"并不一致。父母最常见的问题就是经常用自己的"我想要"来代替孩子的"我想要"。

如果我们留意一下就会发现，几乎每位父母心中都住着一个"理想的孩子"。以我自己为例，当还是婴儿的小 Q 夜半哭闹时，我一边强压怒火喂奶哄睡，一边在心里暗暗希望他是传说中可以一觉睡到天亮的天使宝宝；当孩子大一点儿，早晨起床磨蹭的时候，我又期待他是可以听到闹钟就一跃而起，然后快速洗漱完毕安静等待出门的孩子；放学回家后，我盼望他是稍做整理就坐到写字台前又快又好完成作业的孩子；考试成绩发下来时，我期盼他是门门优秀、人人羡慕的孩子；和家人朋友在一起时，我渴望他是不吵闹、懂规矩、大方开朗、善于交际的小绅士；未来他踏入社会，我希望他是样样出众、追求卓越，又懂得四平八稳、规避风险的成功人士……

看到这里，你可能莞尔一笑，觉得父母的确对孩子抱有太多的期望了，但也会觉得这不外乎是人之常情，未尝不妥。但这个时隐时现躲在我们心中的"理想孩子"，恰恰是父母养育中诸多问题的根源。

只要细想就会发现，岂止不可能有这样的孩子，连这样理想的成人也找不到，"理想孩子"中隐藏着我们不少荒唐的执念，会导致我们给孩子规划的人设比我们给自己规定的人设更苛刻。更重要的是，如果我们真诚地检视一下这种想法的根源，会发现渴望拥有"理想孩子"，往往不外乎两个原因：第一，想轻松一些，可以少花钱、少费劲、少费神；第二，想炫耀一下，拥有优秀的孩子可以满足我们的虚荣心，提升我们的形象。

电视剧《小舍得》中南俪的话一针见血："我们不是要孩子有一个好前程，而是我们想要一个有好前程的孩子。"归根结底，大多数时候，我们围绕的都是"我"，而不是"孩子"，这也是我们在给予孩子爱时附加了种种条件的根本原因。既然是以"我"为中心的，孩子一旦符合我们的要求，则皆大欢喜；而孩子一旦达不到我们的要求，则全力"纠偏"，美其名曰"都是为你好"。这种做法实在是给自己挖了一个巨大的坑。

　　首先，这样做让我们无法发现孩子的特质和天赋。偏执于自己的预设，我们看不到孩子成长发展要遵循的固有规律，也往往会忽略孩子本身的特质和天赋，这会导致因自己局限而固化的想象，束缚了孩子的无限可能。同时，为了"纠偏"，我们对孩子进行的不遗余力的管束和规训，也会导致孩子的抗拒和叛逆。

　　其次，这样做让我们无法真正地给予孩子支持。我们给自己过度"加戏"，倾力付出把自己感动得一塌糊涂，却忘记了外因只能依靠内因起作用。没有对孩子的体察和尊重，拒绝接纳孩子的本来面目，我们根本无法走入孩子的内心，又谈何对他们进行有效的引导。当孩子内心一片黑暗，毫无火花时，哪怕我们心中有燎原大火，心急如焚，往往也是做得越多，错得越多。我们只有摆正了位置，掌握了规律，才能正确地培养和引导孩子，做到父母应该做好的事。

　　看到这里，我们可能更容易理解，孩子的偷懒、走神、撒野和贪玩是多么的正常；同时也会明白，父母的失控、烦躁、焦虑和攀比也是人之常情。只有先接受孩子不是天使，自己也不是圣人这一事实，承认"做坏事"是人的天性，我们才更容易饶过孩子，也放过自己，才会将关注点放在因势利导上，进而掌握孩子发展的规律，激发孩子内心的动力，点燃孩子上进的火种。

　　那么，如何因势利导呢？接下来的几章将会剖析孩子常见的"懒""笨""叛逆""上瘾"四个常见问题，并为父母提供一些相应的自测工具和改善心法。

▍养育干货笔记

- 及时行乐、逃避困难、缺乏耐心和多疑妄想，都是
  人类的天性。

- 消除大脑前额叶的疲劳，为它提供能量，会让我们
  更高效地学习和工作。

- 接纳孩子的本来面目，才可能给予孩子真正的支持。

第 5 章
发现孩子"懒"的克星

有的孩子回到家磨磨蹭蹭就是不写作业，或者半个小时的作业拖了两个多小时才写完；钢琴课、编程课学着学着就放弃了；只愿意做擅长的事，不愿意挑战不熟悉或有难度的任务……总而言之，只要"烧脑"的事情，这些孩子都是能躲则躲。一个朋友哭笑不得地告诉我，他的孩子每天回家后特别主动地要求帮忙做家务，只是为了能够逃避写作业！孩子在学习上不主动、不抓紧、不认真或者不坚持，父母常常将其一并概括为"懒"。

孩子为什么会偷懒？

人为什么会偷懒呢？因为人类的大脑，这个占人类体重不到 3% 的器官却要消耗人体 20% 左右的能量！由于大脑一刻不停在工作，从人们能够意识到的处理日常事务，到意识不到的呼吸和消化，这些纷繁复杂的事务让大脑消耗大量能量。

在人类进化的早期，原始人靠猎获野兽填饱肚子是件十分困难的事。所以大脑为了节约能量就进化出了一个功能：抓住一切机会休息，表现出来的就是放空、走神等状态。而且人们在选择复杂任务或简单任务时，天然就更倾向于简单任务，因为简单任务更节省体能。

所以，当父母看到孩子回到家不想立刻做作业而选择玩游戏甚至做家务时，看到孩子遇到困难就轻言放弃时，不应该就此认定他是个偷懒、没恒心的坏孩子，更不需要就此上纲上线，指责发火。

父母累的时候不也是能坐着绝不站着，能躺着绝不坐着吗？明知道还有工作没完成，也要先刷一会儿手机；明知道应该坚持运动，却在办完卡之后就再也没光顾过健身房……如果有一个摄像头把父母一天的行为记录下来，可能会发现他们偷懒、不做正事和遇到困难就轻言放弃的行径并不少，甚至可能比孩子更多。父母常常对自己的怠惰视而不见，对孩子的懒散却金刚怒目，锱铢必较。

"懒"其实并非一件绝对的坏事，这种进化而来的天性让人们得以保存能量，繁衍生息；它不是某类人的专有特点，大多数正常孩子都如此，甚至大多数成人亦如此。当然，这并不是要让父母对"懒"举手投降，或者对孩子的"懒"听之任之，而是要让父母避免过度反应，不要对孩子的正常表现过分苛责。

针对偷懒的对策：四种感受，四种对策

如何解决"懒"这个问题呢？最好的办法就是用天性对抗天性。毕竟，人类能进化到地球食物链的顶端，靠的不仅是消极地保存能量，还有支撑我们发挥聪明才智、主动出击的好奇心、求知欲、荣誉感和成就感等。比如，做作业推三阻四的孩子，搭乐高却可以孜孜不倦；钢琴练到一半就想溜走的孩子，踢起足球来却可能百折不挠。父母找到孩子的兴趣和热情所在，对症下药，精心引导，就会让孩子的内在动力战胜天然的惰性。

问一问孩子是否有下列感受，父母可以借此找到孩子懒于学习的主要原因，以便根据不同的情况分别进行干预：

● 我对什么事都提不起兴趣。

● 我只对学习提不起兴趣，觉得学习没有意思。

● 我常常觉得学习任务太过困难，导致我不想学习。

● 我很努力，但学习表现很差，所以我不想学习。

虽然以上感受都会导致孩子在学业上表现懒散，但背后的原因是不同的，因此需要通过不同对策有针对性地加以解决（表 5-1）。

表 5-1　学业动力不足的成因和对策

感受	成因	对策
对什么事都提不起兴趣	效能感缺失	"小事做起"激发法
单单对学习提不起兴趣	兴趣度不高	"声东击西"转化法
学习太难导致不想学习	学习力不够	"任务分解"支持法
没有成效导致放弃学习	成就感丧失	"扮猪吃虎"鼓励法

对策一："小事做起"激发法

如果孩子不仅仅对学习不感兴趣，在生活中也无精打采，那么孩子多半是由于缺乏个人的效能感和价值感，对生活丧失了热情，这时候父母需要让孩子从最简单的事情做起，让他把一件一件简单的小事做成，从而感受到做成一件事情的满足感和获得感，也意识到做成一件事情需要付出努力与坚持。我将这种方法称为"小事做起"激发法。使用这种办法有两个关键：一是具有"支架"功能的任务要足够小，足够容易，如洗碗、扫地、整理房间或书包，总之是孩子不会拒绝的简单任务；二是在孩子完成后要立刻肯定他的付出，如"太棒了，你又帮妈妈节省了很多时间""真是个自给自足的大孩子了"，等等。此外，父母还可以协助他及时明确当时的感受，如问问他："房间焕然一新，感觉怎么样？"不用强求孩子回答，将这个原则一以贯之，孩子就会慢慢从完成简单任务逐渐过渡到适应复杂任务，并且体会到做好一件事情带来的愉悦。

记得小 Q 在刚读幼小衔接班时，由于需要学习的知识量一下子增加了很多，又由原来熟悉的环境换到了一个全新的环境，有一段时间他变得态度消极，每天一副吊儿郎当、无所事事的样子。我们试过柔声关怀、爱的拥抱、心理建设、行动支持等各种办法，但收效都不太明显。

当时幼小衔接班的老师正在培养孩子的自理能力，同时也提倡孩子在家里承担一些力所能及的劳动，于是，小 Q 会或被动或主动地帮我做一些事情。一开始他会愉快地接受帮我拿快递的请求，到后来，每次拿快递他都会主动地尽量多拿。我观察到他在拿快递时很积极、很开心，帮我把快递全抱回家时特别有成就感，于是便任由他拿，甚至有些时候让他抱了高高一大摞，我却空着手，实在有偷懒的嫌疑。不过我每次都会由衷又略带夸张地感谢他为我提供了帮助和减轻了负担。当然，我也会提前叮嘱他如果觉得重了就立刻告诉我，我一定伸出援手。

不久，小 Q 就从帮忙拿快递成长到开始主动承担别的家务，包括擦桌子、扫地、洗自己的碗，还有帮忙洗家人的碗。他以前的自理能力就不错，现在开始学着服务他人了。更可喜的是他渐渐养成了整理书包和收拾房间的好习惯。同样，每次我们都对他的付出给予极大肯定，同时也不忘提醒他劳动后的收获：干净的地面，整洁的房间，愉快的心情……小 Q 在自己的努力和他人的肯定下，做事情变得更加有板有眼。一段时间以后，他回到家就会将书包拿进自己的房间，开始完成当天的学习任务，之后又会整理书包做好第二天出门的准备。学校老师反映他在班里会主动承担责任，学习状态也越来越好了。由此，新环境给小 Q 带来的无力感逐渐被克服，他又恢复成为那个活力满满、充满自信的小 Q 了。我不由得感叹"从小事做起，做就对了"真是"懒病"克星，做小事的效能感真的可以提升学业的责任感。

对策二："声东击西"转化法

如果孩子对生活中的其他事情充满热情，只是对学习缺乏兴趣，究其原因，多半是枯燥的学习内容让孩子看不到学习与生活的联系，找不到学习本身的意义，从而对学习望而却步。事实上，人类学习的知识都是为了解决某些问题逐渐积累而成的。父母得让孩子明白学习各个科目不是为了折磨他们，而是为了让他们生活得更好。但是说教是没有用的，父母可以参考以下三个步骤。

第一步是观察。确定孩子当前最喜欢或者最感兴趣的是什么，比如贴纸、玩偶、动漫……甚至游戏也行。

第二步是引导。鼓励孩子把喜欢的东西研究到极致。尝试用下面这类问题引导他在玩中去研究：一、你为什么喜欢它，它的魅力在哪里？二、你认为它是如何生产、制造的，它产生了什么影响？或者它可以如何分类，不同的类别包括什么？又或者它能让你产生一些什么联想？三、你认为它的意义何在，为我们提供了什么价值？四、了解这些对你有什么启示？请相信我，做好这些不是"不务正业"，而是一个典型的学习过程。

与其担心孩子迷恋游戏，不如把游戏背后的原理告诉他。当小Q表现出对游戏感兴趣时，我借势问他想不想知道游戏是怎么创作出来的，想不想设计自己专属的游戏？接下来，我告诉他游戏是科学和艺术的结合——通过绘画把炫丽的背景和精美的角色创作出来，再通过编程让这些角色按照固定的规则运转起来。他听后觉得十分神奇，表示自己也想试试，于是我给他报了一个编程班。编程班的学习不仅让他学到了新的技能，同时还让他巩固和拓展了数学和科学的相关知识。最重要的是，他从此再也不会对游戏过分上瘾，因为依据编程经验，他清楚地知道通关打怪时，怪物背后的程序是"每隔三秒重复出现",也就是说怪物是永远打不完的,这种徒劳的努力完全是虚掷时间。更何况孩子天生就不想按照别人的规则行事,如果能够玩自己制定规则的游戏,谁还愿意玩要遵守别人制定的规则的游戏呢?

第三步是迁移。 在孩子研究他喜欢的东西时,告诉他,他正在做的就是学习。学习就是不断梳理信息、解决问题的过程。为了解决复杂的问题,我们首先要有一定的知识基础,这正是现在学习各个科目的意义。孩子在探索中往往要综合运用阅读、统计、比较、分析等各项技能,这些不正是语文、数学和科学的学科内容吗?所以,要孩子不再对学习心生恐惧,就要让他抱着"为我所用"的心态去看待学习。

有一次我应邀去参加一个三年级的期末家长会,邀请我的班主任是我的研究生。会后我和自愿留下的家长们进行了交流。有一个孩子给我留下了深刻的印象,那是一个皮肤黝黑、沉默寡言的男孩子。据班主任介绍,这孩子是他们班的"学困生",虽然不算特别调皮,但感觉对学习不上心,反应迟钝。这孩子的妈妈也一再叹气,为孩子的学业表现而十分焦虑。在我的询问下,这位妈妈告诉我,孩子不爱学习,但是特别迷恋恐龙,不仅对各种恐龙的生存年代、习性特征等如数家珍,平时不爱看书的他为了查阅恐龙的资料,不惜抱着字典一点一点阅读大部头的百科全书。

于是,我给班主任提了个建议:原来的假期作业总是要求孩子们写作文、画手抄报,而且主题也是规定好的;这次,可以让每个孩子利用一个假期做准备,开学时展示一个自己最喜欢的作品。同时,我告诉那个孩子："你喜欢恐龙很好！如果你能够把恐龙的知识梳理得条分缕析，利用你学到的语文、数学、科学知识来加以说明，这就是最棒的学习，你也是很棒的学生。"

后来，班主任告诉我，这个原本不起眼的小朋友开学后让全班同学刮目相看：他展现的恐龙立体思维导图不仅有丰富翔实的文字资料，还有他自己贴上去的图片，平时寡言少语的他利用班会时间滔滔不绝地给同学们介绍了整整 8 分钟的恐龙知识，而且同学们也听得意犹未尽。更重要的是，从此以后，这个孩子开朗多了，对自己的要求提高了，对学习也更加上心了。学习是什么？学习就是不断地积累让我们更好处理问题和表达自我的技能。学习带给我们自信和快乐，所以我们才要学习。

父母还可以让孩子多阅读一些真正热爱某门学科的作者撰写的普及读物，例如《万物皆数》（ Le Grand Roman des Maths ）、《四时之诗》或《机械宇宙》（ The Clockwork Universe ）等，让孩子发自内心地感受学科之美和学科之用，理解学习的意义，对学习产生兴趣。

对策三："任务分解"支持法

当然，在大多数情况下，孩子的确是在学习上遇到难题了，才在"想要学好却学不好"的纠结中逐渐放弃学习。其实，几乎每个孩子的内心都很害怕落后，外在的压力加上内心的焦虑，让孩子以表现"我不想"来掩盖自己的"我不能"。这个时候，父母千万不能"佛系"，而是要引导孩子学会分解任务，由易而难。

　　最简单的办法就是使用"课后任务分解表"（表 5-2），遵循完成学习任务的两个原则。第一个原则是整体规划：回家后不要盲目地拿到什么作业就做什么，而要先梳理所有作业，按照当天各科作业的内容和难度，确定完成每科作业的先后顺序和大概时间。第二个原则是先易后难：在完成单个学科的任务时，要遵循先完成熟悉的、耗时少的，再完成生疏的、耗时多的原则；要给每个难以完成的任务设定最长耗费时间，一旦超过这个时间就果断放弃，不影响余下任务的完成。

表 5-2　课后任务分解表

任务	预计时长	实际时长	评估
1. 数学	40 分钟	60 分钟	剩下第 X 页第 X 题未做完
2. 语文	30 分钟	25 分钟	顺利完成
查漏补缺	30 分钟	30 分钟	解决了物理和科学剩下的题目； 数学仍然不懂，听第二天的点评

　　几年前，我的一位亲戚找到我，说孩子进入初中后学业出现了严重问题，已经完全跟不上学校的进度了。通过与那个孩子的深入交流，我发现他是因为回家做作业时在个别科目的个别难题上消耗太多时间，每天深更半夜才睡觉，不仅休息不好，精神压力还特别大，所以导致整个学习任务都无法完成。

　　我给他草绘了一张课后任务分解表，让他每天回家后先梳理再做题，先做容易的题目，再做复杂的题目，设定时间，绝不纠缠。没想到这个简单的方法很快帮助这个孩子的学习回到了正轨，他逐渐跟上了学校的学习节奏，同时也保证了充足的睡眠。

对策四：“扮猪吃虎”鼓励法

由于现行班级授课制不可能照顾到每个孩子的节奏和情绪，于是总会有"学优生"和"学困生"。一般"学困生"很难向"学优生"转化，主要原因就是消极固化的自我认知制约了孩子付出努力的信心和决心。父母要承担起让孩子获得成就感的重任。有一句话叫"成人退一步，孩子才能进一步"。这句话不仅可以用于培养孩子的自理能力和责任感，也同样适用于帮助孩子发现学习的价值感和成就感。父母可以对孩子在学校学习的所有或者部分内容表现出强烈的兴趣和明显的理解困难，从而请求他们将学到的东西分享和传授给自己，这样一来孩子不仅重塑了自尊，获得了成就感，也因为由学变教而能更好地掌握知识。

我听过一个案例，一位来自农村的高考状元，读书期间没上过培训班，没有高知父母的"传帮带"，甚至没买什么辅导书，全凭自己热爱学习、善于学习取得了优秀的成绩。他母亲介绍的情况中有一点特别值得注意，就是父母以前由于条件限制没上过学，对学校所教的知识充满了向往，所以她经常让孩子把学校学到的知识讲给自己听。这个看似简单的行为却暗合三个教育学的窍门：一、母亲的羡慕让孩子意识到学习不仅仅是一种任务，更是一种珍贵的权利和福利；二、能够教会母亲一些知识让孩子找到了学习的价值感和成就感；三、教的过程就是巩固学习的过程，最能帮助孩子查漏补缺和克服困难。这就类似"翻转课堂"，即让课堂上讲授的主体由教师变为学生。正因为这个不经意的小举措，让孩子为了回家教会母亲，在学校学得更加主动、认真，自然能取得良好的学习效果。

除了上述四种情况，孩子偷懒也许还有其他尚未总结到的原因。但通过上面的例子，父母应该清楚了，只要找准孩子的病因对症下药，总能找到破解孩子怠惰的办法。

防止自己成为孩子厌学的原因

除了帮助孩子，父母还要自我反思：孩子懒于学习，会不会是因为父母？没错，父母错误的养育行为常常是造成孩子懒于学习的罪魁祸首。

先来自查，看看下面的观点你赞同几条：

- 孩子只有多读书，进好大学，将来才会有出息。
- 盯紧孩子的成绩和各项学习任务是父母的责任。
- 孩子就应该听从父母的安排。
- 孩子如果在学习上表现不佳，父母就应该责怪他。
- 父母应该担心孩子成绩落后。

经过教育学家和心理学家们的测试实证，如果你的观点和上述观点高度吻合，或者你非常强烈地赞同以上这些观点，那么孩子的学习兴趣很有可能就会在你的这种想法中一点一滴地被抹杀干净。因为父母根深蒂固的观念——"我得让孩子学好"，会阻碍孩子认识到"学习是我自己的事，我才是自己学习的最终受益人"。

养育中也存在着"握沙现象"——手中的沙，握得越紧流得越快。当父母过度期望孩子学习成绩优异，害怕孩子掉队落后时，父母的担忧会不自觉地转化为无处不在的琐碎唠叨和令人窒息的包办行为。更可怕的是，孩子自主性的丧失也就意味着自驱力的丧失。

中国教育家陶行知先生有一次到武汉大学演讲。在演讲开始前，他先从身边的箱子里拿出了一只大公鸡。在场的学校师生和各界名流不由得面面相觑，谁也不知道接下来会发生什么事情。陶行知先生不慌不忙地掏出一把米放在桌上，然后按住公鸡的头，强迫它吃米，可是公鸡根本不买账，只叫不吃。接着他用力掰开大公鸡的嘴巴，把米使劲往它的嘴里塞。大公鸡还是拼命挣扎，不吃一粒米。最后，陶行知先生理了理大公鸡的羽毛，把它放在桌子上，自己主动往后退了几步。没过一会儿，大公鸡慢悠悠地走过去，自己吃起米来。"牛不喝水难按角"这句老话说的就是这个道理。

虽然很多父母也懂得上述这些道理，但在这个"内卷"严重的时代，父母总是想为孩子做点儿什么，不敢有一丝松懈。如何让父母的努力成为孩子真正的助力呢？本书将为父母提供三大心法。

心法第一条：分清"功课是谁的事"。 如果父母觉得学习和功课都是父母的事，那么孩子就永远不会觉得这是他自己的事，父母会陷入催孩子学、劝孩子学、逼孩子学，而孩子却不上心的被动局面。

心法第二条：少说"读书就是要吃苦"。 这种观念让孩子对学习心生畏惧。人的天性都是趋乐避苦的，父母总是强调学习的苦，相当于硬生生地把孩子推到了他追求快乐的天性的对立面。人有趋乐避苦的天性，但也有好奇求知的天性，求知欲就像食欲一样是基础而原始的欲望，用天性战胜天性，才是正确的方法。

心法第三条：抛弃"落后说明你很懒"。如果父母并没有强迫孩子，孩子仍然不爱学习，那么很有可能是因为孩子的学习内容超前了，或者孩子的学习进程中缺失了某一环。父母需要与孩子、老师，甚至孩子的朋友进行沟通，了解孩子在学习上的真实情况和困境。一般来说，父母只要帮助孩子梳理好了学习进程上的疏漏之处，让孩子按照自己的节奏夯实基础，大多数孩子都能学会、学好知识。

除此之外，父母还可以为孩子做以下三件事：

第一件事是结合父母的经验和孩子的特质，帮助孩子找到适合的学习方法。

第二件事是和孩子结成学习共同体，在家里营造出一种全家人都热爱阅读与进步的氛围。父母在变好的同时，孩子也会以父母为榜样。如果父母自己都做不到少玩手机、少看电视，那以自己不可能之事强求孩子，是不是有点儿荒唐？

最后一件事是最重要的，也是最挑战父母惯常认知的，就是让孩子放松心态，明白学习不是人生中唯一的事。父母需要让孩子拓展眼界，知道生活精彩，风光无限。这点非常重要，因为只有当孩子的大脑放松而不是紧张，心情愉快而不是苦闷，支撑学业进步的自控力、专注力和记忆力才会提升。

有些父母认为记小红花或者小星星的办法十分管用，孩子只要好好学习，就有奖励拿，包治懒病！需要提醒的是，不管是小星星、小红花，还是学校或班级使用的代币，它们的性质都属于外在激励，一定要慎用。因为外在激励会让孩子将学习视为达到某个目的的手段，而非为人生提供意义的修炼。心理学的动机科学研究发现：对于简单机械的任务，外在激励可以提升个人表现；但对于复杂灵活的任务，外在激励却会阻碍个人提升。

全球知名商业思想家丹尼尔·平克[①]（Daniel Pink）在他的TED演讲《出人意料的工作动机》（*The Puzzle of Motivation*）中引用了1945年心理学家卡尔·邓克（Karl Duncker）的蜡烛难题[②]来说明：一、外在激励只对部分任务有用；二、外在激励会窄化人的思路和限制人的创造性；三、高绩效的秘密不是奖励和惩罚，而是看不见的内在动力，让人为了自己而做的动力，让人有使命感的动力。

---

① 耶鲁大学法学博士，杜鲁门学者奖获得者，被誉为21世纪商业思潮的拓荒者，著有《驱动力》《全新思维》等超级畅销书。其中，《驱动力》提出当下个人、组织提高绩效、焕发工作热情的秘诀，不是我们的生物性驱动力或者追求奖励、逃避惩罚的驱动力，而是我们想要把握生活、延展能力、让生活更有意义的深层欲望。而《全新思维》为我们指出，未来属于那些具有独特思维、与众不同的人，即有创造型思维、共情型思维、模式辨别思维或探寻意义型的人。这两本书的中文简体字版已由湛庐引进，中国财政经济出版社于2023年7月出版。——编者注

② 著名的心理学实验，简单说是给被试一支蜡烛、一盒图钉和几根火柴，要求被试将点燃的蜡烛固定到墙上，但不能让蜡烛液滴到桌上。大部分被试会先尝试一些行不通的方法，然后才逐渐突破思维局限，想到解决办法：把图钉盒用图钉固定到墙上，再将蜡烛放在图钉盒上点燃。这个实验后来被广泛应用在行为科学的研究中。——编者注

大道合乎自然，温和、肯定的态度对孩子学业的提升效果远远大于监管、恐吓。既然父母无法永远为孩子提供外在激励，人生的意义有赖于他们自己寻找，那父母最重要的工作就是帮他们找到努力学习和健康生活本身带给他们的价值和乐趣。学习如此精彩，哪里还有工夫偷懒呢？

▌养育干货笔记

- 懒不是绝对的坏事，而是人类进化出的天性，让我们保存能量、繁衍生息。

- 要让孩子先从简单任务中获得成就感。

- 鼓励孩子做自己感兴趣的事，引导孩子探究背后的原理，告诉孩子学习的真相。

- 帮孩子为难题做一张任务分解表，有步骤地推进任务。

第6章
找到孩子"笨"的根源

我有一位闺密住在深圳最好的学区,她家附近云集着全市知名的中小学,周围许多住户就是为了孩子念书而搬来的。她家所在的小区平时十分安静祥和,但是一到傍晚6点以后,就仿佛按下启动键,四处开始此起彼伏地响起父母大声管教孩子的声音。

我身边还有不少朋友表示,她和孩子平时还勉强可以维持"母慈子孝",但只要陪做作业就势必"鸡飞狗跳"。火冒三丈的理由经常是:"我就是想不通,那么简单的题,讲了那么多遍,他居然还是搞不懂,真被他逼疯了,怎么能那么笨!"

一些父母喜欢把诸如"讲了好多遍的题就是不会做""考试成绩总是上不去"等归结为孩子"笨"。为什么孩子会表现得很笨?极有可能是因为父母在着急和焦虑的心态下，忽略了孩子正常认知发展的规律，这是父母以错误的方式对待孩子导致的自然结果。

其实，大部分孩子学业出现问题不外乎以下两种情况："断链"和"超前"。

学习的"断链"

第一种情况最为常见，就是孩子在知识学习的过程中出现了"断链"。知识的学习是有体系的，是生长性、建构性的。如果孩子有一个基本的知识点没搞懂，往往就无法顺利进行之后的学习。例如，一个 10 以内的加法都没有掌握好的孩子，在被迫进一步学习 20 以内的进位加法时就会茫然不知所措。如果没有及时查漏补缺，不懂的知识相互缠绕，越来越多，孩子就会觉得处处不懂，进而丧失信心，成绩自然在低位徘徊。在线学习平台可汗学院之所以广受好评，就在于它的教学方法顺应了学习的基本规律：每个知识点要掌握精熟，才能学习下一个知识点。

很多父母把孩子的学业退步归结为不够努力，企图简单粗暴地通过限制孩子的玩乐时间和增加孩子的课外补习时间来解决问题。其实孩子天生有获得他人肯定的需要，往往是愿意学好的。更多时候，孩子是因为知识"断链"而无法跟上正常的教学进度，不懂的内容像滚雪球一样越滚越大，想提升成绩却实在有心无力，绝望放弃之余转而通过打游戏或者其他方式宣泄压力和寻找成就感。

因此，要解决这个问题，父母需要与老师通力合作，在老师的指导下，帮孩子绘制一张"学习地图"，遵循"查找"和"修复"的原则，帮助孩子找出一开始不懂的基本知识点，由此慢慢往后探清，把所有落下的知识夯实。当孩子找准了自身定位，建立起清晰的知识结构，熟练掌握了基础内容，补上了"断链"之后，很快就能走上学习的坦途。

"超前"误区

第二种情况是"超前"，即学习内容超过了孩子的认知水平。一些父母受到"什么都要比别人快一点儿才好"的惯性思维裹挟，走入了各种"超前"误区。

提前入学吃的亏

第一个误区就是提前入学。不少父母特别热衷于把孩子提前送入小学。如果因为孩子生日刚好晚于 8 月 31 日几天，需要晚一年上学，父母就觉得特别吃亏，甚至想方设法让孩子提前入学。

然而心理学的研究发现，认知水平是随着年龄增长而不断提升的。可以说，大脑和身体的发育水平是教育的硬件保障，心理和认知的发展水平是教育的软件保障。例如，孩子的手指发育到位了，才能做好握笔、写字、画曲线这些精细动作；抽象思维发展到位了，才能理解数学运算法则；人际交往能力发展到位了，才能逐步替他人设想和遵从社会规则；等等。

如果孩子在不适当的年龄入学，身体和大脑发育不到位将导致孩子坐不住、听不懂，表现出来的就是孩子听讲时反应迟钝、做题困难，在同伴竞争中处于劣势，那才是真正的 "吃亏"。

因此，不仅不应该提倡让孩子提前入学，而且即便孩子的生理年龄已经达到了入学要求，还要考虑孩子的心理成熟度，而不是简单粗暴地把生理年龄作为孩子是否做好入学准备的唯一判断依据。下列是基于美国耶鲁大学格塞尔儿童发展研究所 "一年级能力检测清单" 改编的自测问卷，该问卷从综合素质和认知水平两个方面给出了一些问题，如果你的孩子正好处于这个阶段，可以自行测试。

·········· 测一测 ··········

一年级入学自测问卷

综合素质：

1. 你的孩子在准备进入一年级学习时，已经超过 6 岁半了吗？

2. 你觉得，你的孩子看起来跟其他同龄人的成熟度差不多吗？

3. 你的孩子这时已经长出 2～5 颗恒牙了吗？

4. 你的孩子能分清左右吗？

5. 你的孩子可以闭上眼睛，单脚站立 5～10 秒钟吗？

6. 你的孩子可以离开你一整天而不会因此难过吗？

7. 你的孩子知道自己几岁，知道自己的生日是几月吗？

8. 你的孩子可以单脚站立着等你从 1 数到 8 吗？

9. 你的孩子扔球的时候，可以从脑后向前扔出去吗？

10. 你的孩子会系鞋带吗？

11. 你的孩子可以自己骑没有辅助轮的双轮自行车吗？

12. 如果老师或警察问你的孩子家住哪里，他能说明白吗？

13. 你的孩子可以在家附近的街区独立穿行4～8个路口，去商店、学校或朋友家吗？

认知水平：

1. 你的孩子可以描摹出一个三角形吗？

2. 假如你要孩子沿着逆时针方向，从最顶端开始画一个圆圈，他能做到吗？

3. 你的孩子可以描摹出一个长方形，并且用一条线穿过中心点把长方形一分为二吗？

4. 你的孩子拿铅笔的姿势，是正确的两指握笔或者三指握笔法吗？

5. 你的孩子能写出自己的名字吗？

6. 你的孩子能从课文中挑出自己名字中的汉字吗？

7. 你的孩子能从1数到30吗？

8. 你的孩子能写出1到20的阿拉伯数字吗？

9. 你的孩子会计算20以内的加减法吗？

10. 如果你说一组4位数字，你的孩子能一次就复述出来吗？

11. 如果你说一句有10个字左右的话，让你的孩子重复，他可以做到吗？比如"那个男孩从商店一路跑回家"。

12. 你的孩子可以数清楚8～10枚硬币吗？

13. 你的孩子有没有自己做过试图描摹数字或者汉字的努力？
14. 你的孩子在涂色的时候，可以沿着规定的边线往里面涂色，而不超出边线吗？

这两部分加起来总共 27 个问题，如果你的回答有 26 或 27 个"是"，你的孩子肯定可以上一年级；如果只有 24 或 25 个"是"，那孩子也许可以上一年级；如果低于 24 个"是"，那孩子是否可以顺利地适应一年级就值得怀疑。不仅如此，还有一些表现也可以说明孩子还没有做好入学准备：

- 孩子不愿意上学，甚至讨厌上学。
- 孩子在学校里显得注意力不够集中，而且很难安静下来。
- 孩子在学校或是上学放学的路上，会大小便失禁。

如果孩子出现以上表现，那么很可能表明学校的要求对孩子来说太高了。然而已经提前入学的孩子也不可能轻易退学，这时父母需要调适自己的心态，放低对孩子的要求，增加对孩子的包容，尽量与学校的老师保持密切沟通，并在家里为孩子提供充分的学业支持。例如，孩子在课堂上没有完全听懂的，回家后父母可以给他讲解温习一遍；等到学校放假时，一定要利用好假期为孩子查漏补缺。

此外，父母自己也要减少焦虑，孩子学得慢不等于学不好。等孩子日渐成熟，学习表现也会相应提升。很多一年级入学时表现得很吃力的孩子到了三年级就逐渐提升到优秀水平，所以，父母尽力去做力所能及的事就好了。

超纲学习的陷阱

除了提前入学，另一个"超前"误区是超纲学习。其实从小 Q 上幼儿园起，这个问题就困扰着我。虽然国家明文禁止超纲教学，禁止幼儿园小学化，不允许幼儿园教小朋友认字、写字、算数等，但是由于私立学校拥有招生自主权，为了"掐尖招生"，有些私立学校在入学选拔中甚至对幼儿园大班的学生测试小学二、三年级的乘除法。

虽然"摇号入学"[①]政策推行后，这种入学测验逐渐销声匿迹，但很多父母为了不让孩子输在起跑线上，仍然坚持提前教孩子。这些父母认为，先让孩子学一遍，等入学后，孩子相当于把已经掌握的知识再复习一遍，这样学起来轻松，成绩自然也优秀。但其实这样会掉入超纲学习的陷阱，给孩子带来三个方面的负面影响。

第一个方面的负面影响是，让孩子提前学习超出其理解能力的内容，以及过早将孩子置于不成功便失败的压力之下，不仅会事倍功半，还会让孩子产生自卑和畏难的情绪，使孩子养成遇事退缩与事后

---

① 2019 年 6 月 23 日，《中共中央 国务院关于深化教育教学改革全面提高义务教育质量的意见》指出："推进义务教育学校免试就近入学全覆盖……民办义务教育学校招生纳入审批地统一管理，与公办学校同步招生；对报名人数超过招生计划的，实行电脑随机录取。"电脑随机录取的招生方式被民众称为"摇号入学"。——编者注

内疚的不良个性。

想想看，孩子如果在能力范围之内尝试解决问题，而且一次就成功了，就很容易获得愉悦感和成就感。但如果孩子面临的问题总是超出他们的理解范围，久而久之，他们会倍受打击，自我认知和自我效能感也会随之降低，孩子会逐渐失去自信，同时也失去了探索世界的动力和勇气。正因如此，许多孩子还没有入学就已经厌学了。其实这也正是国家三令五申不许超纲教学、不许幼儿园小学化的重要原因。

第二个方面的负面影响是，让孩子学习与其身心发展水平不匹配的内容，给孩子造成心理负担的同时，也会造成大量时间和精力的浪费。

────── **关于养育的小实验** ──────

格塞尔双生子爬楼梯实验

美国心理学家阿诺德·格塞尔（Arnold Gesell）曾经用一对出生 46 周的同卵双胞胎 A 和 B 做过一个著名的实验。格塞尔先让 A 每天进行爬楼梯训练，中间经历了很多次摔倒和哭闹，6 周后，也就是第 52 周，A 爬 5 级台阶只需 26 秒。而在第 53 周时，没有经过任何训练的 B，爬 5 级台阶还需要45 秒。格塞尔再对 B 进行连续两周爬楼梯训练，到第 55 周时，B 爬上 5 级台阶只需要 10 秒。尽管 A 比 B 早训练了 7 周，训练时间也是 B 的 3 倍，但是在第 56 周和 3 岁时，A 和 B

的爬楼梯成绩几乎一致。格塞尔分析说，其实46周就开始练
习爬楼梯为时尚早，孩子还没有做好充足的准备，所以训练
只能取得事倍功半的效果；53周开始训练爬楼梯，这个时间
就非常恰当，孩子做好了充足的准备，所以训练就能达到事
半功倍的效果。

第三个方面的负面影响，也是最糟糕的，就是超纲学习容易使孩
子对课堂教学掉以轻心，觉得老师讲的都学过，就不再用心学，结果
孩子不仅成绩没拔尖，还养成了上课不专心听讲的习惯，久而久之，
他们的学习能力就会下降。

其实，要解决超纲学习问题也很简单，父母保持淡定的心态最重
要。但很多父母表示困惑，在现实生活中不少超前学习的孩子学得都
比较好，如果自己的孩子不提前学，会不会落后呢？或者说，怎么拿
捏好这个度呢？这个困惑可以用两个"区分"来解决。

第一是区分"预习"和"超纲"。"预习"是为了提高孩子在课堂
上的听课效率，培养孩子的问题意识，是孩子应该养成和坚持的优秀
学习习惯。提前看一看即将学习的内容，消化自己能够理解的，标注
自己存在疑问的，不仅不会让孩子轻视课堂教学，反而能更充分地利
用课堂时间。但是，如果父母强迫孩子通过补习或者自学的方式硬性
掌握学校老师还没有讲到的内容，例如要求一年级的孩子把三年级的
知识都掌握，或者在五年级的时候就硬要孩子学初二的内容，这样即
便短期内孩子的成绩有所提升，长期下去，孩子也难免掉进超纲学习

费时又费力的陷阱。不如把超纲学习的时间用来培养兴趣，或者拓展当前学习知识的深度和广度。

第二是区分处在学习拔高阶段的孩子是"愿意学"还是"被迫学"。 孩子对自己能力范围内的新知识往往是有求知欲的。如果他们自己愿意多了解一点儿，父母完全可以引导和鼓励他们在学段衔接时进行力所能及的提前学习，也可以在他们不懂时给他们讲讲题，补补课。但如果孩子已经对这种超前学习表现出厌烦和怠惰，哪怕休整之后也无法缓解，那就说明这些内容对孩子来说太深奥了，应当立刻叫停对这些内容的超前学习。

小 Q 上幼儿园大班的时候，幼儿园有一段时间因为疫情停课了。有一个线上学习平台推出了假期免费线上课，里面涵盖了各个学科和各个学段的内容。我觉得小 Q 学习一年级上学期的课程应该没有问题，于是就让他试试看。由于这套课程是游戏式设计，包含许多动画场景和通关模式，所以小 Q 非常喜欢，每天下午都搬个小板凳坐在电脑前跟着学、跟着练，我也从来不陪伴或者监督他。

就这样他学完了一年级上学期的课程，又学完了一年级下学期的课程，甚至开始学习二年级的课程。但是随着学习难度的增加，我发现原来非常专注的小 Q 开始排斥和厌倦上视频课了，经常东张西望，甚至离开了电脑。我试图和小 Q 沟通听课规则，也尝试对他进行心理建设，但他对上网课越发地表现出焦躁和抗拒，更重要的是，原来他一直认为数学有趣又好玩，但现在开始觉得枯燥又烦人了。我浏览了小 Q 正在学习的视频课内容，很快意识到这些知识对他来说太难了。于是我果断停了他的学科网课，换成了难度降一档的通识课程。

小 Q 原来在幼儿园算是认知水平比较高的孩子，但开学后，由于不少同学都通过上网课大幅度超纲学习，小 Q 不再是班里知识储备量最多的孩子。但是我一点儿也不后悔，更不羡慕。因为我深信：孩子对学习的兴趣和自信才是学习的"点金之石"。

总的来说，学习不佳往往并非意味孩子"笨"，而是孩子在求知途中欠下了账，或者是父母挖了"超前"的坑。父母其实不太需要在孩子的学业上过度求快，而应该多去观察孩子，顺应孩子的身心发展规律，使他们的学习内容匹配他们的认知能力，支持他们修补知识上的"断链"，再辅以一点儿耐心和包容，这样就可以慢慢帮助孩子走出"笨"的泥沼。

▌ 养育干货笔记

- 当父母觉得孩子在学习上"笨"的时候，先要自查是否掉进了"超前"误区。

- 和孩子一起绘制"学习地图"，可以帮助孩子建立起清晰的知识结构，便于孩子查找知识"断链"，修复学习问题。

- 当总是面临超出理解范围的问题时，孩子容易失去自信心。

第 7 章
理解孩子的"叛逆"

在分析了如何解决孩子"懒"和"笨"的问题后，再来面对一个让很多父母更头疼的情况：孩子根本就不听劝告，也不服从安排，甚至还专门和父母对着干，做出一些让父母伤心、难堪的事情。

从"可怕的两岁"（Terrible Two）到冲突加剧的青春期，孩子的叛逆常常是父母的心头大患。一些父母认为：孩子如果能够乖乖听话，不就什么问题都不存在了吗？

叛逆的根源

孩子为什么会叛逆？请回顾一下自己的养育历程，是不是孩子在婴儿阶段很"听话"。特别是在出生后两周内，他们甚至都不怎么哭闹，完全依从着父母来吃喝拉撒睡。这是因为他们还没有形成自我意识，父母安排什么，他们就做什么。渐渐地，宝宝会用哭声来表达自己的需求和不满。接着，大概从两岁开始，孩子迎来了第一个叛逆期——"宝宝叛逆期"，开始有了自己的想法，还学会了通过打人来表示抗议。从这一刻开始，父母就应该做好心理准备：孩子的成长注定是一个发现自我，走向独立，从某种意义上说是和父母"渐行渐远"的过程。

发展心理学认为，每个人都是独立的个体，所谓的不听话和叛逆等都源于孩子自我意识的萌发，是孩子日渐成熟的标志。反之，如果孩子寻求独立和自主的过程受阻，短期内可能表现为听话和顺从，长期却可能出现内在动力不足，得过且过等严重问题。

由此可见，孩子叛逆是成长和成熟的自然结果。换个角度想，孩子并不存在所谓的叛逆，只是有了自己的想法，而父母因为各种自身的或者外界的原因，不认可他的想法，于是主观地将孩子不同于自己的想法定义为叛逆。

习惯了唠叨和教训孩子的父母可能会发现，有时候孩子会采取"油盐不进"的态度。这种形式的叛逆往往比哭闹撒泼、公然抗争还让人恼火，很多父母和孩子由此陷入了"拉锯战"。其实，这只是孩子启动了自我心理保护机制。

研究表明，一个人在遭受辱骂时感受到的疼痛和遭受毒打时感受到的疼痛相仿。如同总穿一双磨脚的鞋，被磨破的地方久而久之就会长茧，大部分孩子在受到责骂时，为了不让自己每次都心碎受伤，自然而然地就会选择忽略那些批判性、侮辱性的指责，表现出来的就是将父母或者老师的话全当"耳旁风"。

我上小学时常有老师用"死猪不怕开水烫"来讽刺孩子，却没有想想"猪"到底是怎么"死"的。当孩子遭受不友善、不公正的待遇时，厚着脸皮无视大人、继续捣蛋，这只是在保护自己。这样的孩子逆商不错，除了会成为大人眼中的"问题孩子"，被冠上"调皮捣蛋"的名头外，至少还能没心没肺地健康成长。最麻烦的是一些较为敏感的孩子，在受到外界伤害后会把自己封闭起来。像当年女作家三毛，受到数学老师当众羞辱后自闭过很长时间。另外还有些孩子，为了避免被责骂，反过来会形成讨好型人格，一味讨好他人而忽视自己的感受，这些都不利于孩子的未来发展。

父母天然地希望孩子少走弯路，人生顺遂，因此在孩子的成长过程中，总是试图基于自己的人生经验给予孩子规训和指导。这本身其实没有什么问题，错就错在父母往往以一种居高临下的态度，强迫孩子接受自己的观念。结果，哪里有压迫，哪里就有反抗；压迫越甚，反抗越甚。

古人说，对待年迈的父母"色难"——不仅要尽到赡养父母的责任，更要在此过程中保持和颜悦色的态度。养育孩子又何尝不是？就连我们自己，也会对朋友温和亲切的建议欣然采纳；而对领导不由分说的规定，则很可能表面应付，暗中抗拒。即便我们打心眼儿里为孩子好，若不注重方式方法，就起不到正面的效果。

那父母怎么改善自己的方式方法，来避免孩子的叛逆呢？

设身处地，双向共情

避免孩子叛逆的方法很简单，就是一个原则：设身处地。

设身处地需要分两方面：一方面，是我们都容易想到的，父母带头设身处地去理解孩子；另一方面，是我们经常忽略的，引导孩子也设身处地去体谅父母。

先来说说父母的设身处地。父母设身处地去理解孩子，其实就是对孩子的尊重。很多父母认为自己恰恰是为孩子设身处地着想，才会不遗余力地纠正孩子的不当行为，督促他好好学习。其实，这并不是真正的设身处地，父母仍然是基于自己的理解，站在自己的立场上自说自话。真正的设身处地是从孩子的立场、孩子的视角来思考问题。

—— 关于养育的小实验 ——

宝宝喜欢的婴儿车

有一个婴儿车的改良实验：以前的婴儿车总是让婴儿面向前方，因为成人认为，出去游玩应该视野开阔，欣赏美丽的风景，然而宝宝并不喜欢坐这样的婴儿车，尤其是第一次乘坐婴儿车的宝宝，往往表现得非常紧张和担忧。后来经过研发部门的潜心调查，发现这个问题其实很好解决，只需要

把婴儿车转过来，让宝宝看到正在推车的妈妈，知道妈妈和
自己在一起，他瞬间就放松下来了。这个小小的、成功的改
变正是从儿童视角解决儿童问题的典范。

对孩子而言，世界给予他们的信息实在是太多、太丰富、太新奇
了。如果我们尝试用孩子的视角去看世界，就会发现，孩子在成长的
每一个阶段都会经历各种各样的刺激和挑战，充满了属于他们那个特
定年龄的紧张和焦虑；还会发现，孩子真正能够倾诉和求助的人并不
多，而这个时候，自己的父母不仅不帮忙，反而通过指责、抱怨、要
求、惩罚等来添乱，换作我们，是不是也会叛逆呢？

还记得我小时候经常想：如果我当了大人，一定不会……遗憾
的是，待自己真正做了大人，就再也记不起小时候许下的愿望了。就
好像我们在成长中会穿越一道门，一旦进入"大人国"，就再也回不
去"小孩国"了。大人很难理解小孩的想法，大人和孩子就像是在两
个世界，操着两种语言。因此要想沟通顺畅，我们首先要尝试进入孩
子的世界。

这里我们可以试一试"回到童年假想法"，以此来唤醒尘封的童
心，打开儿时的记忆。我们可以用三个问题来帮助自己"回到童年"。

- 问题一：我小时候遇到过这种情况吗？
- 问题二：当时父母作何反应？我对他们的反应感觉如何？
- 问题三：我当时最希望父母为我做什么？

　　这三个问题可以帮我们在当年那个幼小的自己与现在幼小的孩子之间建立一个联结，形成共鸣。这样，我们往往能以一种不一样的心态去看待孩子的不当行为。这正是实现"和善而坚定"的关键：发自内心地体谅和认可孩子，我们才能做到对孩子和善；和善的态度才能唤起孩子的共鸣，消弭孩子的反叛行为，这样我们才有可能坚定地引导孩子做正确的事。

　　总而言之，如果我们先将自己看成孩子，那么自然而然地会由那个居高临下、颐指气使的大人，成为理解孩子、支持孩子的朋友。既然是朋友关系，亲子间当然可以进行很好的沟通。

　　当然，即使你实在回想不起自己童年的经历，难以去揣度孩子的想法，要做到设身处地其实也很简单，关键就是少控制，多倾听。不要动辄向孩子宣讲你的道理，而要多听一听孩子的想法。

　　我和儿子小 Q 的关系在他 7 岁时曾经一度陷入僵局。由于那段时间我很忙，因此和他的对话模式经常是"你必须立刻去……，否则我就……"，只要他不能执行指令，我就会用各种惩罚措施来威胁他，如取消外出游玩，不准下楼游泳，没收某个玩具，拒绝某个请求，等等。

　　一开始，小 Q 诚惶诚恐，效果还算立竿见影。久而久之，小 Q 不仅反应速度越来越慢，而且在我出言威胁时，他要么就满不在乎，要么就默不作声，又怨又恨地看着我，开启一场"非暴力不合作运动"。

　　让我做出改变的居然是一本尘封已久的闲书——《跟巴黎名媛学

到的事》(*Lessons from Madame Chic*)。书里说到法国女人和世界上其他女人一样忙碌，照顾家庭的同时还要兼顾自己的追求。然而她们没有步履匆匆，满腹牢骚，而是把照顾好家人作为一种幸福和成就，做这件事时非常投入，也非常享受。这段描述让我开始反思和改变自己的行为。

我不再怨念小 Q 的不配合占据了我的精力和时间，而是尽可能慢下来倾听他的诉求，提供力所能及的帮助。我还就之前的暴躁和自私向他进行了解释和道歉。我发现，孩子对我们的爱与宽容远比我们感受到的多得多。

当我愿意低下头来承认自己的狭隘时，小 Q 立刻会用开心和释然的态度做出回应，不仅非常宽宏大量地原谅了我之前的暴躁，还表示了对我工作忙碌的理解和同情。在这样一种轻松而开心的氛围中，我和他的沟通变得容易多了。多花在倾听和沟通上的那一点时间简直就是"物超所值"，交流会变得前所未有的高效。威胁没有解决的问题，用倾听和示弱就轻松解决了！

然而，任何沟通都是双向的。如果父母一味宽容、理解，而孩子却总是任性、胡闹，亲子关系一样还是会回到恶性循环之中。所以我们解决孩子的叛逆问题不能只靠父母单方面努力，而是要双向共情。因此，接下来要谈谈如何引导孩子学会设身处地理解父母。其实，让孩子设身处地去理解父母的方法，就是让孩子体验父母的日常生活。

很多父母总是在孩子面前念叨自己的辛苦和不易，希望借此让孩子明白自己的艰辛，从而让孩子用懂事和努力来回报。然而做到设身处地的前提是要有切身感受，这是无法通过说教来传递的。唯一能让孩子设身处地为父母着想的办法是让他们真实地体验。

中国有一句老话叫作"穷人的孩子早当家"，同样的，在《不平等的童年》一书中，美国贫困家庭的孩子比富裕家庭的孩子更懂得尊重父母和谦让兄弟。在辛苦维生的家庭当中，孩子们有更多机会体验生活的残酷，更忍辱负重，不太可能任性妄为。而我们很多家庭往往一边强调着生活不易，一边堆砌着物质享受，让孩子觉得无论是食物、玩具还是旅游，要得到什么都轻而易举，难以理解父母在背后的辛苦付出。

要让孩子体验父母的劳碌，只需要让他在假期中抽一天时间不做作业，陪着父母从清晨买菜、备菜、做饭、打扫卫生、洗衣服到整理房间全流程体验一次，或者偶尔当父母在家办公时扮演一次端茶递水的小帮手，看着父母头不离案，一刻不停地处理工作。要让孩子明白生活的不易，可以让他选择一些力所能及的基础工作，例如糊纸盒。这些体验远胜父母一百万次的说教，孩子自然会发现：原来学习不是世间最辛苦的事，自己不是全世界最辛苦的人。

需要注意的是，带孩子进行这些体验时，不要将其作为一种惩罚或者说教的工具，而要将其看作与孩子一起抱着开放的心态去体察生活的机会。这样才不会遭到孩子的抵触，才能够取得良好的效果。

总而言之，要解决孩子叛逆的问题，首先要认识到叛逆是孩子成长的必经之路。解决它需要父母和子女彼此设身处地为对方着想，双向共情。父母为孩子设身处地着想是尊重，孩子为父母设身处地着想是感恩。尊重与感恩，它们互为条件，也互为因果，共同成为解决孩子叛逆问题的良药。

▌养育干货笔记

- 所谓的叛逆，往往不过是孩子有了自己的想法。当父母不认可孩子的想法时，就会将这种想法定义为叛逆。

- 父母假想自己回到童年，与幼小的自己建立联结，就可以获得与孩子的共鸣。

- 解决孩子的叛逆问题需要双向共情：父母要设身处地为孩子着想，也要让孩子体验到父母辛苦的日常。

第 8 章

根治孩子的"上瘾"

孩子除了表现出做事拖拉的"懒"、成绩落后的"笨"和不听管教的"叛逆"等问题，还有一个让父母大为头疼的问题就是"上瘾"。孩子形成不良嗜好，特别是游戏成瘾，不知道让多少父母操碎了心。

我身边有一个朋友，她的孩子总是逮着一切机会玩游戏。不玩游戏时，孩子是一个知书达理、开朗阳光的大男孩，但一玩起游戏来，就会变得"六亲不认"。为了让孩子戒掉游戏瘾，我朋友专程带他去尼泊尔徒步、登山，希望能让孩子净化心灵，戒掉游戏。结果孩子对壮丽的美景视而不见，全程做一个"低头族"，枉费了朋友的苦心，旅行最终只是换了一个环境玩游戏而已。

其实，当父母发现孩子对某个自己不赞同的东西感兴趣时，先不必恐慌，因为父母反对的态度很容易增加这些东西的神秘感，反倒让孩子更加好奇，更加痴迷。父母应先保持镇定，观察一下孩子是一时兴起，还是泥足深陷。

下列情况改编自台湾空中大学健康家庭研究中心用于测定孩子是否网络成瘾的"上瘾自测清单"。父母可以自行测试，还可以把表中的"网络"换成其他上瘾对象，如手机、游戏、小视频、电话聊天等，用以判定孩子是否成瘾，以及上瘾的程度。

如果孩子每周上网时间超过 40 小时，并且出现了以下几种情况，那么可能已经对网络上瘾了。

测一测

孩子是不是对网络上瘾了？

1. 孩子曾经努力减少上网时间，但没有成功。
2. 孩子在不上网的时候，也经常谈着网上的事。
3. 当减少或者阻止孩子上网时，他表现出沮丧或者暴躁。
4. 孩子上网的时间经常比约定的时间要长。
5. 孩子会因为上网而影响学习，很少与身边朋友互动。
6. 孩子曾为了偷偷上网而向家人或者朋友说谎。

如果孩子只是短暂地对某些东西产生了新鲜感，父母完全可以抱着一种开放的、分享的态度与孩子聊聊关于这些东西的话题，不用严阵以待地对孩子进行说教，只需要真实地讲出自己的观点就可以了，甚至也可以用自己儿时的经历与孩子共情。

一般孩子在掌握了真实、全面，不带偏见和斥责的信息后，心里往往都会有一个明智的取舍。在这里，父母的信任是关键，要相信孩子愿意变得更好，而不是更糟。当出现问题时，父母要相信孩子只是能力不够或者经验不足，愿意帮着孩子一起分析、解决问题，而不是对他们进行道德评判。这样温暖而有力的亲子关系是帮助孩子尽快排除干扰，回到正轨的重要保障。

成瘾的机制

当然，如果孩子确实出现了某种程度的上瘾，那父母就要认真应对了。要解决上瘾问题，首先要回到根本，了解成瘾的机制。

从生理上讲，上瘾源于人类对多巴胺的贪恋。多巴胺通过向我们传递一种谎言来控制我们的行为，那就是"如果你现在做了这件事，你就会无比快乐；否则，你将会生不如死"。这是一种胡萝卜加大棒式的激励模式：一方面大脑预见快感从而产生欲望，这就是吸引我们的胡萝卜；另一方面，奖励系统释放多巴胺的同时也激发了压力激素，当我们期待目标时，也同样感到了焦虑，这就让我们在渴求某样东西时，会感觉像处于生死攸关的时刻。

多巴胺的谎言

1953 年，加拿大蒙特利尔市麦吉尔大学的两名年轻科学家将小白鼠脑中的电极安错了位置，偶然发现了多巴胺。安上电极的小白鼠可以不吃不喝、不眠不休地按压这个电极开关，刺激自己分泌多巴胺，直到力竭而亡。科学家们看到小白鼠如此孜孜不倦地追求这种感受，还以为小白鼠体验到的是"幸福"，进而以为多巴胺就是幸福激素。可惜，后续的研究表明小白鼠体验到的并非"幸福"，而是"欲望"。

父母想一想自己也曾经陷入放纵和克制欲望的矛盾心理，经常忍不住拿起手机刷视频，对孩子是不是就能多几分理解？大部分时候，真的不是孩子有多么不好，而是多巴胺的原因。

美国斯坦福大学的尼尔·埃亚尔（Nir Eyal）教授在《上瘾》（*Hooked*）这本书中，揭示了一种新的营销模式——神经营销学的运作原理。可以说，当今商业社会让消费者上瘾的种种产品设计与营销模式正是利用了大脑的上瘾机制，通过让人们持续不断地刷视频、玩游戏，为开发者和售卖者提供高额利润。正因如此，这类活动逐渐被定义为"精神鸦片"。

相较之下，对大脑没有深入研究的父母，与在这个领域有大量投入和研发的企业相比，在这场注意力争夺战中似乎没有优势。更让人气馁的是，父母还经常充当着游戏行业的"神助攻"。这怎么可能呢？父母最恨的不就是游戏吗？

研究人类行为模式的福格教授（Brian. J. Fogg）指出，人类要采取一个行动，首先必须有动机。动机可以分为三类：一类是追求快乐，逃避痛苦；一类是追求希望，逃避恐惧；还有一类是追求认同，逃避排斥。

而当前大部分中小学生除了在学校从早到晚地听课，就是回到家里没日没夜地做题。"双减"政策虽然一定程度上减轻了作业和补习的压力，但是高考这把"达摩克利斯之剑"①仍然悬在头顶，学习竞争仍然激烈，听课、刷题仍然填塞着大部分孩子的生活。于是，当老师给出"我的精彩生活"这样一个作文题目，大部分孩子居然只能胡编乱造，让人无奈感叹：精彩生活全靠想象。

与此同时，孩子耳边充斥的往往不是肯定和鼓励，而是要求与苛责，是父母没完没了的念叨。换位思考一下，如果是我们成天面对无休无止的枯燥工作和没完没了的说教指责，是否也希望换个空间去体会一下快乐、希望和认同？而这些，恰恰是那些设计精巧的游戏在虚拟世界里一站式提供的。

打怪、修仙、升级……在种种激动人心的冒险之后，最终成为

---

① 达摩克利斯之剑又叫悬顶之剑，出自古希腊故事，比喻时刻存在的威胁。——编者注

一个非常厉害的角色——这些游戏里重复的套路，提供给孩子在现实世界中得不到的满足感。这让孩子的生活陷入了一个恶性循环：越是远离生活，就越是沉迷游戏；而越是沉迷游戏，就越发远离生活。而将孩子推离真实生活的始作俑者，可能恰恰就是父母。

为孩子注入快乐、希望和认同

因此，要想从根本上改变孩子对游戏的痴迷，不能只靠严管和责骂，而是需要为孩子的生活注入来自真实世界的快乐、希望和认同，帮助孩子将注意力投向真实生活而非虚拟世界。

回顾本章开头提到的我朋友的孩子。虽然尼泊尔的净化之旅没有达到预期效果，但是我的朋友依旧在努力治愈孩子的游戏成瘾。最终，她找到了孩子的另一个兴趣爱好，给孩子报了一个拳击班，让孩子学习之余，在拳击馆中挥洒汗水，释放压力。男孩子本来就喜欢身体对抗，兴趣就是最好的老师，孩子在学习拳击的过程中展现出强大的专注力和毅力，不仅能够将艰苦的训炼坚持下来，还进步神速，在一系列的比赛中得了奖。

这为孩子开启了全新的正向激励体验：做感兴趣的事情，获得快乐，获得肯定，由此进一步强化孩子的兴趣，增加他对这个积极爱好的投入。

此时你可能会表示，我想知道的是如何戒掉游戏上瘾，不是如何培养兴趣爱好。可这两件事常常是一回事。正是因为孩子对拳击上了瘾，他自然就没有时间，也没有兴致再去玩游戏了，游戏的瘾自然也就戒了。

小 Q 四五岁时，开始对游戏表现出兴趣。我并没有因此如临大敌，视游戏为洪水猛兽，禁止孩子玩游戏，杜绝孩子接触游戏的一切机会。因为绝对禁止其实是不现实的，孩子迟早要使用电子产品，也迟早会脱离我们的监督，如果他们没有尽早锻炼出自控力，早晚有一天还是会在我们鞭长莫及的情况下尽情地，甚至报复性地玩游戏。

我首先给孩子下载了一系列寓教于乐的学习软件，里面虽然都是各种各样的通关小游戏，但也通过游戏让孩子掌握了拼音、数字、计算、图形等各种知识，让小 Q 明白：在游戏中也可以学习，学习本身就是一种高级游戏。

其次，正如前文所说，在小 Q 喜欢上游戏后，我给他报了一个编程班，他在了解游戏制作的原理后，再也不会对游戏上瘾了。

最后，我们周末和假期一定会尽量抽出时间，带孩子去公园，去山林，去海边，去原野，感受大自然的变幻莫测和丰富多彩。当然，闲暇时也不排斥一家人偶尔聚在一起玩一些经典的小游戏，当然，我也乐于尝试小 Q 给我介绍的各类游戏。

我想传达给小 Q 的信息是：爸爸妈妈也懂游戏带来的快乐，游戏可以成为我们精彩生活的一部分；我们可以在适当的时间和场合一起享受游戏带来的快乐；是我们控制游戏，而不是游戏控制我们。

第 5 章曾提到，纠正孩子不当行为的最佳办法就是用天性对抗天性。打游戏可以分泌多巴胺，做别的事情也能分泌多巴胺。所以解决上瘾的办法不是围追堵截，而是为孩子提供支持，用积极的爱好戒掉上瘾。

父母如果经常责骂孩子，就可能会沦为视频网站和游戏公司的帮凶。只有多带孩子去发现自然的美好和社会的多彩，才能让孩子体会到父母对他们的珍视和肯定，帮助孩子发掘他们自己的天赋和特长，让孩子看到自己一路的进步与成长，与孩子一起享受精彩的生活。

▌ **养育干货笔记**

- 当孩子面对枯燥的学习和没完没了的说教时，会更希望进入游戏体会快乐、希望和认同。

- "戒掉游戏上瘾"和"培养兴趣爱好"常常是一回事，解决游戏上瘾的关键方法是发掘孩子的积极天赋。

法则 三

不较劲，
学会牵手和放手

如果由你来养育童年的自己，你
会做出哪些努力？

第9章
从"对手"变为"队友"

经常听到有父母说，又和"熊孩子"斗智斗勇了一天！两个"斗"字体现出亲子之间的对立关系。父母和孩子在各方面都可能对立起来：做作业——父母催，孩子拖；打游戏——父母禁，孩子闹；玩手机——父母查，孩子躲……父母为了管教孩子殚精竭虑，孩子为了反抗父母花样百出。大量的内部斗争消耗着父母和孩子的精力和情感，浪费了亲子之间的美好时光。

好的亲子关系，首先体现在一个转变：从"对手"变为"队友"。可能有父母会说，孩子想玩，父母想让孩子学习，亲子之间天然就会产生对立。

父母和孩子到底天然是"对手"还是"队友"？先来分析亲子各

自的根本目标。父母的根本目标是让孩子拥有幸福人生；那孩子的根本目标是什么呢，难道不也是让自己拥有幸福人生吗？亲子都在为同样的目标努力，本就该是一个团队。亲子的分歧是在实现同一目标的过程中，在路径、方法、策略上的分歧。既然亲子是一个团队，就要本着"队友"的心态来解决这些分歧。更进一步说，父母和孩子应该结成一个指向发展的成长共同体。如何来实现呢？可以分两步走。

形成团队意识

父母想和孩子变为"队友"的第一步是培养团队意识。当孩子遭遇挫折和失败，例如作业做不好，考试没考好，比赛没发挥好时，父母一般都会干什么？有的父母可能连句安慰都没有，就直接打着"分析"的名义指责和批判。想一想，如果是工作伙伴遇到了难题？我们肯定不会肆无忌惮地抱怨他，而是会冷静下来和工作伙伴一起分析问题出在哪儿，怎么解决。

前文说到："我们是来帮忙的，评判是无益的。"这种姿态正是让父母和孩子从"对手"转变为"队友"的关键。然而认同这个道理很容易，践行它却很难。因为我们从小到大都一直习惯于被人评判，这几乎是我们唯一熟知的行为逻辑和模式，所以也只会这样去对待孩子。此外，指出别人的错误，远远比帮助别人解决问题容易得多。还记得大脑的偷懒天性吗？既然指手画脚让我们感到轻松又显得自己聪明，那动动嘴皮子、骂骂人就成为一些父母在养育中的日常。

结果，我们没有将自己放在与孩子平等的、为孩子提供帮助的支持者的角色上，而是扮演着居高临下的独裁者的角色。我们与孩子之间进行的沟通，看起来是交流，其实常常是我们一厢情愿的霸凌。

情感引导法

要真正帮上孩子的忙，父母需要做什么呢？既然是"队友"，就要以有效的沟通方式来一起分析问题、解决问题。《非暴力沟通》（*Nonviolent Communication*）、《父母的语言》（*Thirty Million Words*）、《如何说孩子才会听　怎么听孩子才肯说》（*How to Talk so Kids will Listen & Listen so Kids will Talk*）等书中都倡导父母和孩子沟通时先认同情感，说出事实，再给予帮助，即情感引导法。

当我们发现孩子做作业走神时，可以先问问孩子："作业太多，累了吧？是不是有点儿无聊？"或者直接问孩子："怎么了？"试着在不评判的基础上去理解孩子，与孩子共情。接着在说问题的时候，一定要注意简单直接地讲出我们观察到的事实，例如"我看到你做一会儿作业就会停下来，似乎在出神"；不要说带有偏见的话，例如"你一做作业就走神""你一点儿都不爱学习"这些夹杂着道德审判的话。最后，我们要把目标聚焦到帮助孩子解决问题上，可以问问他"我们怎么克服这个困难呢""有什么我可以帮得上忙的吗"，也可以向他建议"要不我定时来看看你，提醒你一下"或者"你学习一段时间我就提醒你稍微休息一会儿，吃点儿水果，怎么样"……

其实亲子间的沟通方式、步骤或技巧都是次要的，最关键的是要有基本的信任。同样是提醒孩子做作业要专心，如果父母对孩子不信任，采用的是偷偷摸摸、突袭检查、批评斥责的方式，孩子可能相当抵触，甚至"当面一套，背后一套"。亲子间一旦形成对立，孩子就会把大量时间、精力耗费在与父母斗智斗勇，而不是专心学习上，而且孩子最终也不会把"专心学习"当成自己的问题来主动解决，难以内化出良好的习惯。

如果父母相信孩子是想要做好的，只是由于不够成熟、诱惑太多等，暂时还做不好，愿意站在与孩子商量，同孩子一起想办法的立场上，那么孩子就非常容易接受父母的教诲，不仅不会抗拒，甚至还会感激父母的理解及协助。

说到底，任何沟通的基础都是人与人之间的情感链接。信任才会理解，理解产生共鸣。在共鸣的基础上，亲子间才能达成共识，进而共谋出路。而要产生亲子间的共鸣，沟通情绪、沟通氛围和沟通时机，可能比沟通内容、沟通技巧更重要。因此每次亲子对话前，我们不妨先问问自己，情绪、氛围和时机对吗？

允许孩子暂时待在错误中

我看到不少父母在孩子情绪低落，或者已经抓狂的时候试图给孩子讲大道理，以为自己在以理服人，其实从孩子的角度看，无异于高声训斥。当孩子情绪不稳定，尤其是感受到愤怒、沮丧、悲伤等负面情绪时，不管父母说什么，他已经听不进去了。此时，应该让他先消化情绪，冷静下来，切忌和他硬碰硬。

人在遭遇挫折后往往都特别敏感。因此，等孩子平静下来以后，父母要先与他共情，要让他感受到来自父母的认可和同情，营造出相互信任的氛围，为下一步的沟通扫清障碍。我每次对小 Q 说出"噢，发生这样的事，你一定也很不好受吧。现在我们来看看，能一起做点儿什么"之类安慰的话时，他的抵触情绪就会大大消解，再给他提建议他就容易接受得多了。

学习是建构性的，如果孩子根本没有相关经验，父母却硬要说教，那么多半他会一只耳朵进，一只耳朵出。只有等他自己有了一些体会，甚至遭受了挫折和失败，此时父母跟他讲道理才能起到事半功倍、一点就通的作用。所以"让孩子在错误中待久一点儿"这种说法不无道理。

有一部日本电视剧叫《将太的寿司》，剧中的寿司大师从来不亲手教授徒弟技巧，只是让他在自己的寿司店里工作，甚至连徒弟遭受师兄们的欺凌和竞争对手的打击，大师也视而不见。只有在一些特别罕见的情况下（全剧中只有两次），徒弟面对想尽办法也难以解决的难题时，大师才会出手教徒弟一些绝技。我当时特别不理解，为什么大师不把一身本领耳提面命地教给爱徒呢？现在我太佩服这位大师了，徒弟历经磨难，积累了丰富的经验感悟，老师的点拨才能起到一点就通的作用。这位大师不仅是做寿司的大师，也是教育的大师。

父母的全景式参与

亲子间要产生共鸣，父母还应该 360 度全景式地了解和参与孩子的生活体验。父母可能认为自己天天都和孩子待在一块儿，无微不至地照顾着他的生活起居，难道还不算全景式参与吗？那请扪心自问，在你的全程参与中，你和孩子的关注点一致吗？你会乐他所乐、想他所想吗？甚至我自己也有这样的经历：孩子兴高采烈地跑过来和我分享一件他觉得特别有趣的事情，我却敷衍几句后，话锋一转就询问起孩子的学习。

父母如果只关心孩子的学习，而忽略了他们生活中惊喜的发现、成长的烦恼、与同伴的交往、秘密的心事，孩子应该很难把父母当成同伴或盟友吧。

很多公司都会组织团队建设活动，就是为了在轻松愉快的氛围里，在齐心合力的活动中，增强工作团队的战斗力和凝聚力。亲子关系何尝不是如此。父母应该和孩子玩在一块儿，想到一块儿。在一起时，父母应该尝试放弃自己的主导性，让孩子带领父母重新体会童年简单纯粹的快乐。父母先对孩子有深度的理解和信任，孩子对父母的信任才能逐步建立，亲子之间的情感联结才能形成。在这个前提下，父母说的话孩子才愿意听。玩在一块儿，奋斗在一块儿，家庭才足够紧密，共同成长才成为可能。

增强团队战斗力

在培养了团队意识之后，父母第二步要做的就是增强整个家庭团队的战斗力。这方面可以展开的内容太多，这里化繁为简，只说最关键的两点——追求成功和不怕失败。

追求成功

　　既然亲子是一个成长共同体，就要共同成长。这个成长当然主要指孩子的成长，不是因为孩子是家中唯一需要成长的人，而是因为孩子是家中成长空间最大的人。但是，这个成长同样也指父母自身的成长和家庭整体的成长。"点燃孩子"最好的办法莫过于父母先"燃烧自己"。

　　心理学家约翰·W.阿特金森（John W. Atkinson）的成就动机理论认为，成就动机的水平依赖三大因素：一是成就需要，二是成功预期，三是成功渴望。因此，我们应该在家庭中营造一种追求卓越的氛围，即在一个家庭中，如果每一个家庭成员都有着关于成功的快乐记忆，都乐于追求成功，并且都认为成功是完全可能的，那么在拥有这种共识的团体中，每个成员的成就动机就都容易被激发。反之，在一个认为成功无望，或者对成功并不热衷的家庭，孩子也很难积极上进。

　　《虎妈战歌》中蔡美儿所采用的养育方式，虽然有许多地方值得商榷，但特别值得借鉴的一点，也是成功征服了万千美国父母的一点，就是整个家庭对成功的追求，对勤奋的倡导，以及对高标准的坚持。

不怕失败

　　当然，人生不如意之事十之八九，即便是非常优秀的人才，也不可避免地会遭遇失败。在这样一个瞬息万变的社会，应对失败的逆商甚至比智商和情商更为重要。家庭作为一个成长共同体，在追求卓越的同时，更要有一个正确处理失败的机制，为孩子提供"反脆弱"的支持。

依据认知心理学家伯纳德·韦纳（Bernard. Weiner）的观察，无论是孩子还是大人，往往都在获得成功时倾向于自我归因，也就是认为成功是因为自己的能力或者努力使然；但在遭遇失败时，又都倾向于外在归因，就是把问题都推到别人或者环境上面，俗称找借口。不仅如此，当外在压力过大的时候，人们往往缺乏直面挫折的勇气，不是文过饰非，就是绕道而行。

小 Q 曾经一度在学习上出现了严重的问题——抄答案。事情是这样的，有一段时间，我鼓励小 Q 利用一些游戏化的线上学习平台学习数学。一开始很顺利，但后来题目难度增加，从他的房间里不断传出"哔哔"的错误提示声，干扰到了在另一个房间工作的我。有时我就会斥责他。后来，他做题逐渐安静了，居然再也没有做错，这让我很诧异。但是当我让他复述做题的思路时，才发现他是等系统显示答案后才填上答案，其实根本没有弄懂如何解题，那么多的练习全部白做了。

虽然我内心崩溃，但还是要冷静下来解决问题。我先向小 Q 保证不会责怪他，让他把这样做的真实原因告诉我。他一脸委屈地说，题太难了，他不会做，又不想打扰我，不想挨骂，才出此下策。可能还有一个原因他没有讲出来，就是他还非常享受做题全对、受到表扬的感觉。想明白这些，我的内心逐渐平复了。

这件事给我的触动很大，我发现是自己太急于求成了，跑到了孩子的前面，比孩子更想他学好，才导致他忽略了追求新知、解决疑问的初心，完全把这件事当成了取悦我的工具和敷衍我的任务。在压力之下，小 Q 根本没有动力，也没有勇气去面对难题，直接选择了最简单的抄答案的方式解决问题。

这样的事，靠骂一顿可解决不了问题，关键还是要调整我们自己的态度，让孩子放轻松，把失败和挫折看成一种机会，而不是一种惩罚。于是，我让自己和小 Q 都慢下来，不用急于求成，也不用一天一课地赶进度。第一次没有听懂，就让小 Q 停下来反复多听几遍，哪怕一次只搞懂了一道错题，也是他的收获。同时，我还给小 Q 准备了一个儿童耳机，让我们可以互不干扰地做事，我也不再因为他做错了题目就责怪他。慢慢地，小 Q 自己就树立了做题是"找虫子"，改错是"抓虫子"这样积极的学习态度。有了这种态度，他学习上的自主性和积极性也更强了。

樊登读书的创始人樊登在他孩子两三岁的时候，就教会了孩子"吃一堑，长一智"这句话。例如孩子把家里贵重的花瓶打碎了，樊登会告诉孩子自己很难过，这也造成了家里的损失，让孩子知道错误的行为导致了糟糕的结果。但同时他会和孩子共情，一边帮孩子把玻璃碴收起来，一边安慰孩子说还好没有伤到人，并坦言他自己小时候也打碎过东西，打碎东西以后，也觉得特别害怕。关键是，事后他会问孩子，从这件事情中可以学到什么，孩子回答学到要小心一点儿。

他又进一步问孩子哪些方法能够做到更加小心。孩子因为没有遭受责骂，情绪很平稳，在大人的引导下一点一点总结出经验教训，包括不在客厅玩球、不在房间玩有弹力的东西等。有了自己的总结，孩子后来就很少再打碎东西了。

在这种家庭氛围里，孩子就不会惧怕犯错。例如，樊登的孩子成绩一向不错，结果有一次数学只考了 73 分。但孩子一点儿也不怕，完全没有大多数孩子考砸了会有的"山雨欲来风满楼"的紧张感，反而笑嘻嘻地跟樊登分享自己没发现试卷背后印了题，总结教训说"以后要把卷子正反面都看一遍"，自己就学会了运用"吃一堑，长一智"的道理。

很多父母急于批评孩子，其实是一种心理不成熟的表现。我们自己心中也住着一个怕受谴责的孩子，因此当糟糕的事情发生时，我们不想为此负责，不想跟孩子共同承担失败的结果，就会用"你看我告诉过你多少次……""我有没有跟你说过"这类批评与孩子划清界限。结果孩子没有从错误中学到有益的经验，只记住了千万别把错误暴露给父母，否则自己就会挨骂的教训。

总之，父母如果想实现和孩子从"对手"到"队友"的根本转变，结成一个指向发展的成长共同体，就应该本着"多帮忙、少评判"的态度，与孩子构筑起团队意识，基于信赖和共鸣与孩子进行有效沟通。此外，为了增强亲子的团队战斗力，让家庭成为一个整体，应该教会孩子对待成功和失败的正确态度，在追求卓越的同时，把失败也看成"吃一堑，长一智"的机会。

　　虽然一些父母早已明白要与孩子从"对手"变"队友",却迟迟难以做到,一看到孩子的不当行为,就气血翻涌,怒不可遏。因此,下一章将分享一个专门调节父母失控情绪的"又好气又好笑"模式。

▌养育干货笔记

- 每次亲子对话之前,父母可以先问问自己:情绪、氛围和时机对吗?

- 当家庭中的成员都乐于追求成功,孩子的成就动机更容易被激发。

- 将终身成长的观念融入家庭生活中,有助于培养孩子的逆商,让孩子勇于面对挫折,即使遭遇失败也会继续努力直到成功。

- 父母对孩子应该坚持"多帮忙、少评判"的原则。

第 10 章
"又好气又好笑"模式

大多数父母当然希望和孩子从"对手"转变为"队友"。但是，当我们在养育中不可避免地遇到孩子调皮捣蛋、不听劝告的情况时，还是会忍不住大发雷霆。

失控的原因

很多父母会把自己的失控归结于生活无奈、伴侣失职、过度焦虑等。但这些只是失控的导火索，不是失控的症结。

《自控力》这本书中模拟了原始人在大草原上偶遇剑齿虎后大脑和身体的一系列反应，从进化心理学的视角向我们展示了答案：

　　信息先通过眼睛进入大脑中的杏仁体，这就是你的警报系统。这个警报系统处于大脑中部，用来探测潜在的紧急情况。当它发现威胁的时候，就会利用其位于大脑中部的优势，迅速将信息传给大脑和身体的其他部分。当警报系统通过眼球得知一只剑齿虎正在盯着你的时候，它便会向大脑和身体发出一系列信号，让你产生应激反应。你的肾上腺会释放出压力荷尔蒙……让你随时能战斗或逃命。……同时，警报系统会在大脑里产生复杂的化学反应，阻止前额叶发挥作用。前额叶正是大脑中控制冲动的区域。是的，应激反应让你更加冲动。原本有理智的、有智慧的、深思熟虑的前额叶陷入了"昏迷"。这样一来，你就不容易退缩，或是反复思量是否要逃跑了。[①]

　　数万年过去了，人类已经很少在日常生活中受到这种生死存亡的考验，但是当孩子在我们着急出门时磨磨蹭蹭，或者在我们反复训导时屡教不改，我们依然会感觉受到了冒犯。

　　这时我们启动的大脑运作机制与原始人遭遇剑齿虎时别无二致。我们的理智和自控"休眠"了，杏仁体让我们必须立刻采取行动："战斗"——责骂孩子；或者"逃跑"——放任不管。当我们平静下来，重启理性时，我们立刻就会发现自己刚才的行为绝不是最佳选择，我们只是把生活中无足轻重的小插曲和生死攸关的大挑战给弄混了，才会不由自主地行为失当。

---

① 麦格尼格尔. 自控力 [M]. 王岑卉，译. 北京：印刷工业出版社，2012：35.——编者注

心理学的情绪 ABC 模式

父母在解决自己情绪失控的问题上，"预防"大于"压抑"。不是不让自己发火，或者假装自己没有发火，而是要重新评估发火的原因。当我们面对这些原因时，不再如临大敌，大脑就不会启动应激反应，我们自然也就不会失控了。

对于如何调节情绪进而改变行为，心理学家们已经做了大量的研究。其中比较著名的是由美国心理学家阿尔伯特·艾利斯（Albert Ellis）创建的情绪 ABC 模式（图 10-1）。这个模式告诉我们：面对刺激时，改变我们行为的关键，不是去抱怨现状，而是去改变认知。

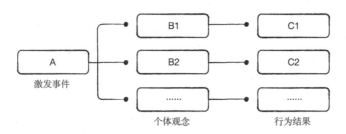

图 10-1　心理学的情绪 ABC 模式

在情绪 ABC 模式中，A 是激发事件（activating event），B 是个体观念（belief，或译为信念），而 C 是行为结果（consequence）。如图 10-1 所示，A 虽然是事件的起因，但艾利斯认为 A 只是 C 的间接原因，B 才是 C 的直接原因，即个体会产生何种行为结果更大程度上取决于个体如何解释和评价该激发事件。所以人的消极情绪和行为障碍（C），往往不是由某一激发事件（A）直接引发的，而是由个体对事件不恰当的认知和评价所产生的错误信念（B）造成的。错误信念也称为非理性信念。

人在同样的状况下，不同的信念可以产生不同的情绪反应和行为结果。例如，上班路上堵车，如果我们认为一切都在和我们作对，怨天尤人，患得患失（B1），就会觉得分外难熬（C1）；但如果我们将其看作一个难得的放空时机，同时认识到这是我们无法把控的"老天的事"①（B2），我们就可以在等待过程中听听音乐，想想心事，怡然自得地度过堵车时间（C2）。

堵车这个事件（A）本身并未发生变化，感觉难熬、"路怒症"发作和感觉享受、听歌放空这两种不同的情绪和行为反应完全取决于我们看待事情的态度。可以说，认知和态度（B）就是刺激（A）和反应（C）中间的桥梁，要改变我们的行为，关键是改变我们的认知和态度（B）。据此理论，艾利斯在 20 世纪 50 年代创立了著名的 ABC 认知行为疗法。

根据情绪 ABC 模式，我发明了一种简单好用的"又好气又好笑"模式，它可以在孩子淘气和父母发火之间建立一个情绪的"缓冲垫"或者"过滤器"，让父母接纳转化糟糕的状况，并最终冷静下来，表现出相对放松的、理性的状态。

---

① 张德芬在《遇见心想事成的自己》一书中将事情分为三类：老天的事、他人的事和我的事，其中只有"我的事"是自己可以把控的。

"又好气又好笑" 模式

"又好气又好笑"本来就是日常生活中的一种常见情绪状态,用以形容处境尴尬或令人难受的同时,又引人发笑的情景。这种情绪状态的绝妙之处在于,人虽然有点儿生气,却又不是真的怒不可遏。

在这种状态下,我们并不会做出急火攻心、丧失理智的反应,因此这种状态特别适宜用来作情绪缓冲。图 10-2 是养育中惯常失控行为的 ABC 心理运行图,图 10-3 是"又好气又好笑"模式下的 ABC 心理运行图,两者正好可以做一个对比:

图 10-2　养育中惯常失控行为的 ABC 心理运行图

图 10-3　"又好气又好笑"模式下的 ABC 心理运行图

如图 10-3 所示, "又好气又好笑"模式需要分两步走。

第一步,承认自己感到"好气",悦纳自己的坏情绪。当孩子的行为一再触及我们的底线,渐渐耗尽我们的涵养和沟通耐心的时候,"要做平心静气的父母"已经是一种不切实际的妄念。这时,怒气已经开始在我们胸中聚集,然后在某个出其不意的瞬间,理智的弦突然绷断,大量的负面情绪喷薄而出。

如何避免情绪暴发呢?与其硬撑,不如承认。"好气"就是让我们在觉察到自己的不耐烦、不开心的时候,就拉响警笛,明确自己的生气状态。我们可以在心里告诉自己,或者在忍无可忍时大声说出来:"我要气炸了!""怎么这么让人崩溃呀!""这孩子简直不知好歹!""我马上就要骂人了!"。

把自己的愤怒说出来会产生两个很好的效果。第一个效果是最直接的,就是我们吹胡子瞪眼的夸张表情,以及山雨欲来风满楼的紧张气氛,会让沉浸在自己世界中的孩子也不得不警觉,进而从只关注自己到开始关注父母,其实这也是以一种特殊的方式强迫孩子尊重他人,学会关注他人的情绪,进而顾及他人的做法。第二个效果可能我们自己很少意识到,就是当我们把自己的愤怒说出来之后,我们已经开始在正视自己的情绪了。情绪怕自知,暗流涌动的情绪才是破坏力最大的,而当我们注意到自己在愤怒时,这种情绪其实就已经进入我们的意识控制范围内了。

我们的愤怒情绪本身不会伤害到孩子,但失控后的责骂会。所以表现出"好气"顶多只是提醒孩子要转移注意力，仔细地留心一下这个呕心沥血、情绪即将暴发的母亲或者父亲。往往这个时候，孩子会有一个短暂愣住的时间，而我们也应该趁机实施"又好气又好笑"模式的第二步。

第二步，从"好笑"的角度看待孩子的行为，消解自己的坏情绪。 在讲到"做坏事"是人的天性时，已经为运用"又好气又好笑"模式打下了基础：当我们知道人类在和自然界作斗争的过程中，自然而然地形成了一些现在看来让人匪夷所思又哭笑不得的思维和行为模式后，我们就不用那么苛求孩子，也不用那么苛责自己。

生活其实不缺少趣味性，我们很多时候只是缺了转换一下的脑筋。想想"做坏事"是人的天性，释然地叹息一声，转移注意力，留心点别的东西，例如，孩子天真却又无比固执的眼神，算出 $2 \times 6 = 8$ 的稚气，犯错误时让人匪夷所思的"孤勇"……我们可以想想看，如果他不是自家的孩子，而是邻居家、朋友家的孩子，是不是这些都能变成让我们哑然失笑的"笑点"，而不是歇斯底里的"爆点"。

如同我们把"好气"大声说出来一样，我们也可以把"好笑"用语言明确表达出来。思想和语言密不可分，语言既是思维的载体，有时也是塑造我们思维的工具。我们可以有意识地在内心嘀咕，或者大声说出来，"啊哈，这家伙又在变着法儿地偷懒。""这小子，说起歪理来头头是道。""天哪，这种算错的方法还真是出人意料，太有创意了！""这种做题的速度，难道他以为自己在造火箭吗？"……我们尤其可以发自内心地感慨："这状态，和我小时候简直分毫不差！"

有些养育书籍里还建议过一个办法，让我们可以发现自己小题大做的滑稽，就是想象自己此时不是身在局中的父母，而是一个置身事外的看客，透过一个挂在房间里的摄像头，看着一对正在"斗法"的母子或父子，瞬间我们就会觉得这个场景实在让人忍俊不禁。

假装置身事外让我们排除了关心则乱的情绪干扰，等我们习惯了这种好气和好笑的转换，我们会发现再糟糕的状况也有它好笑的地方。我们要发掘自己内心小小的乐趣，让我们在最闹心的情况下也能不失幽默感。幽默与智慧总是相辅相成的。

简·尼尔森（Jane Nelsen）在《正面管教》中曾经提醒父母，如果感觉快要气到失控了，最好立刻和孩子分开，回到自己的房间中待一会儿，等平静下来再出去解决问题。但与其被动等待情绪冷却，倒不妨在此期间主动试试"又好气又好笑"模式，或者调动"旁观者"视角，我们的愤怒往往就会被冲淡，甚至烟消云散了。

上面讲的是"又好气又好笑"模式的预防功能。如果我们已经因为失控而大骂或者揍了孩子，那么"又好气又好笑"模式同样可以起作用。比如事后对自己说一句"我承认刚才表现得不太好，不过人不就是这样吗"。这个态度也会像一个减震器，切断或弱化孩子问题行为和大人问题行为的连锁反应，减轻我们内心的罪恶感，让我们原谅和善待自己，免得我们越是自责，压力就越大，最后直接失控。

值得注意的是，"又好气又好笑"模式并不是让我们麻痹自己，对问题放任不管，而是让我们能够以一种更加放松的心态去看待和处理它。当我们解除了危机警报，回归自然状态，血液从压力反应的区域重新流回前额叶，我们的理性判断和养育技巧才能够派上用场。

笑对"鸡毛飘飞"

这里分享我一对朋友的案例，他们让我深受启发。他们是那种永远怀揣一颗童心，遇到任何挫折都能像孩童一般嘻嘻哈哈应对的人。下文我会把他们称为"豆豆爸妈"。

在豆豆还在用纸尿裤时，有一次他腹泻了，在父母手忙脚乱地给豆豆换纸尿裤的间隙，他居然把家里所有的被子都给拉脏了，不仅家里飘着难闻的气味，而且全家人都没有被子盖了。这件事如果是发生在我家，我和我老公多半会头皮发麻，进而互相埋怨，甚至还会萌生出"为什么要生娃"的悔意。而我的这对活宝朋友，一边嘻嘻哈哈地打趣小宝宝的这个滑稽情景，一边开开心心地洗被子、换被子。本来让人心烦的事情，却仿佛成了一项开心的家庭活动。我问他们："你们不觉得很崩溃，很烦人吗？"他们却回答："是有点儿烦。但是看到豆豆滑稽的样子，皱着眉头高速发射，我们换一床，他就拉一床，真是笑死我们了！"

豆豆长大一些后，有一次和父母逛商场，为了要挟父母给他买玩具，躺在地上赖着不走，这对父母并没有像大多数父母那样威逼利诱，而是高高兴兴地掏出了手机，对着地上的豆豆拍起了照片，一边拍还一边夸："这个姿势，这个构图绝了！"豆豆看到自己的"恶行"居然成了父母的笑料，虽然心有不甘但也无可奈何，而且自己也很快被父母逗笑，开始摆姿势配合照相，逐渐忘掉了买不成玩具的不愉快。

豆豆爸妈就是这样，总能在糟糕的状况中发掘出好笑的事情，在一地鸡毛中欣赏"鸡毛飘飞"的滑稽。虽然我们做父母的都要经历养育的辛苦，但是他们收获的快乐比我多，体会的折磨比我少。虽然父母在养育中一次又一次地失控，但看着自己像只斗鸡一样亢奋，感到自责的同时是否也有些好笑呢？好笑就对了，赶紧给自己冲一杯好喝的奶茶，放一首好听的音乐，然后拍拍自己的额头，说一声："唉，人有时就是会犯傻，没什么大不了的，下次再努力做好吧！"

当然"又好气又好笑"模式只是缓解了父母的紧张情绪，真正解决问题还需要用好一个问句，不给孩子添乱，请接着往下看。

▌ 养育干货笔记

- 父母表达出自己的愤怒，能够让孩子学习关注他人的情绪，也可以让父母正视自己的情绪。

- 当孩子犯错时，父母不妨调动"旁观者"视角，冷静下来才能解决好问题。

第 11 章

"我能为你做什么？"

在父母立下了和孩子从"对手"变为"队友"的决心，知道了在和孩子的沟通中能够借助"又好气又好笑"模式控制情绪后，很多父母在与孩子的日常沟通中，一开口还是会指责孩子的错误，结果亲子互动又回到了父母滔滔不绝、孩子无动于衷的老样子。怎么改善这种情况呢？父母不妨在和孩子沟通前，先试试说这句话："我能为你做什么？"这句话可以很大程度上帮助父母和孩子实现从"对手"走向"队友"。

激发孩子更高阶的思维能力

很多养育书籍中都给出过类似的沟通模板，但在实际生活中却并不好用。这往往是因为，我们容易生硬地套用语句，却并未领会沟通模板背后的精髓。要让"我能为你做什么"这句话真正发挥力量，父母要理解它的使用意图和使用场景。这句看似最平常不过的"我能为你做什么"到底要表达什么呢？它有两层最核心的含义。

第一层意思是交回主导权，也就是要摆正父母和孩子的位置，把学习和生活的自主权和责任感还给孩子。是"我能为你做什么"，而不是"我需要你去做什么"。遇到问题的时候，最需要主动思考的人，不是父母，而是孩子自己。说到底，就是要求父母不要过分"加戏"。

很多时候，当孩子生活和学习上面临问题时，孩子自己还来不及细想，父母就已经滔滔不绝地告诉孩子需要如何去做。这时候，孩子一方面不满父母夹杂着指责与命令的要求；另一方面又在不情不愿中形成了对父母的依赖，最终难以建立对自己生活与学习的掌控感和归属感。因此，父母一开始就要给自己和孩子确立一个信念：孩子是他自己生活和学习的主人，父母可以给予建议和帮助，但最终还得孩子自己拿主意。

第二层意思是发展元认知，也就是要促动孩子主动去思考，自己和父母到底需要做什么。孩子只有自己清楚下一步要如何做，才能够想清楚如何用好父母这根"拐杖"，让父母为自己提供何种帮助。因此，"我能为你做什么"这句话更深层的意义在于，它不仅能让父母摆脱和孩子关于其生活主导权的争夺，还能通过与孩子一起梳理做事的思路，培养孩子一种重要的高阶思维——前文提到的元认知。

孩子与元认知能力

元认知的培养早已经是教育界热议的话题和追求的目标，但对于大多数父母来说，可能还稍显陌生。联合国教科文组织很多年前就已经将全球儿童、青少年的学习目标定为"学会学习"（learning how to learn），认为只有掌握学习能力的人才能适应时代变迁。

元认知（meta-cognition），其中"元"所对应的 meta 这个前缀，在英文中表示对事物本质的思考。顾名思义，元认知就是对认知的认知，即学习者对自身认知活动的自我意识与自我调控。它主要由元认知知识、元认知体验和元认知监控三个部分组成。

元认知知识，指学习者对自己和他人，以及相应的学习活动的过程、结果等相关的知识，包括：有关学习者本身的知识，在学习中，孩子是否了解自己和自己的同伴或竞争对手，例如自身的知识掌握状况、学习偏好和学习能力等；有关任务的知识，孩子是否了解自己的学习任务包含的具体目标、内容、进程和考核方式等；有关学习策略及其使用的知识，即孩子能否判断出针对自己的学习任务，自己正在或者可以采用哪些学习方式和方法，调用哪些已知的知识和信息。

元认知体验，指孩子在学习过程中产生的认知体验或情感体验，简单说就是他对自己的学习状态和学习进程的认识和感受。

元认知监控，指孩子在学习活动中，随时回顾和反思自己的行为，对自己的认知活动积极地监控，并相应地进行调节，以期达到预定目标，即自己通过持续、主动、清醒地思考，知道自己应该何时做，如何做。

可以说，如果孩子拥有足够的元认知，那么他就可以对自己的学习做到了如指掌，学得清清楚楚、透透彻彻。不仅知道自己要做什么，还知道自己有什么、怎么做、会怎样等，在此基础上形成一系列的元认知策略。

孩子天生就具备运用元认知的能力。例如，孩子在执行简单任务，包括学习说话、走路、骑车等过程中的自我发现和自我纠错，就是元认知的下意识运用。他们通过与外界的交互，不断地对自己的行为进行调整，直至达到理想状态。

在孩子的学习过程中，如果父母能够耐心观察，依据孩子的节奏为其提供适宜的帮助，就能促进孩子的学习；相反，如果父母按照自己的节奏，不断地对孩子提出要求，往往就会打断孩子自然学习的进程，进而阻碍他们学习。

以小 Q 骑自行车这件事为例。在小 Q 已经能够熟练地骑有辅助轮的小自行车后，我们就带着他到铺着塑胶的公园、球场练习去掉辅助轮骑车。骑之前，我只是简单跟他说明了上车和刹车的一般操作，又补充了一句："每个人都有不同的骑法，你觉得怎么舒服就怎么骑吧，需要帮忙就叫我们。"

小 Q 先试着骑了一下，感觉骑不稳，于是让我帮他扶着车尾。

这样又骑了一会儿，他觉得挑战不大了，就让我在他摇晃时扶着他，稳定时放手。不到半个小时，小Q就轻松愉快地完成了骑车从需要辅助轮到去掉辅助轮的"飞跃"。

然而，不是每个孩子学骑车都如此顺利。我一位邻居的女儿已经四年级了还没有学会骑自行车。有一次，我和小Q约他们一起去公园练习。我发现这位爸爸在女儿骑车时，一直事无巨细、苦口婆心地给女儿讲解说明，讲了以后孩子做不到，又往往着急上火，责备孩子没有悟性，没有运动天赋等，导致小女孩干脆不想学了。

我劝邻居先休息一会儿，让孩子自己试试，然后在旁边告诉小女孩："你腿那么长，一蹬就踩地了，根本不用担心摔倒。"我让她在前面骑，我在后面跟着，有危险我就扶住她，让她安心练习。果然，小女孩没有了外在的打扰，自己摸索，很快也学会了骑车。

当然，孩子的自发调节可能只适用于简单任务，一旦面对复杂任务，可能会缺乏明晰的思路。甚至当父母问他们"我能为你做什么"时，他们最常见的答案多半是"我也不知道"。这个时候，父母可以有意识地引导孩子去主动思考自己的行为，形成元认知。

元认知不同于普通的知识或者技能，可以依靠记忆、背诵、练习来获取，它需要通过反复的、有意识的实践，最终形成"设定目标—规划路径—评估过程—调控行为"的思考习惯。

学习的元认知策略

学习的元认知策略就是指学生对自己整个学习过程的有效监视及控制的策略，分为计划、监控和调节三个方面。这三个方面又总是相互联系的。

一是计划策略，即根据认知活动的特定目标，在认知活动开始之前计划完成任务所涉及的各种活动、预计结果、选择策略，设想解决问题的方法，并预估其有效性的策略。在孩子的学习中，元认知计划策略包括改革学习目标、浏览阅读材料、设置思考题及分析如何完成学习任务等。

二是监控策略，即在认知过程中，根据认知目标及时检测认知过程，寻找两者之间的差异，并对学习过程及时进行调整，以期顺利实现有效学习的策略。它具体包括领会监控、策略监控和注意监控。其中，领会监控是指学习者在阅读过程中将自己的阅读领会过程作为监控意识对象，不断对其进行积极的监视和调整；策略监控是为了防止学习者在学习了某种策略后，不加利用，而仍沿用以往的习惯；注意监控是为了调节学习者的注意力，使其集中在学习任务上，从而获得较好的学习效果。例如，孩子在阅读时对自己的关注点加以跟踪，对阅读材料进行自我提问，在考试时监视自己的速度和时间。

三是调节策略，即在学习过程中根据对认知活动监视的结果，找出认知偏差，及时调整策略或修正目标的策略。它具体包括在学习活动结束时，评价认知结果，采取相应的补救措施，修正错误，总结经验教训等。调节策略能帮助学生矫正自己的学习行为，补救理解上的不足。调节策略与监控策略有关，例如，学习者在课文中遇到理解困难的段落，会反复阅读；在阅读困难或不熟的材料时放慢速度；复习他们没有完全理解的课程材料；测验时跳过某个难题先做简单的题目；等等。

培养孩子元认知思维模式的办法，不是简单粗暴地让孩子按照父母的方式去做，而是通过反复追问一系列问题，包括"你的目标是什么""你现在做得怎么样了""有什么困难，可以如何来克服""我能帮你做什么"等，去帮助孩子梳理思路。

父母和老师的这些引导性提问会逐渐内化成孩子的思维方式和思考习惯。渐渐地，孩子会开始有意识地在学习中反思和复盘自己的学习过程本身："我能够达成这个目标吗？""哪些是我知道的，哪些是我不知道的？""最适合我的学习方法是什么？""我当前的学习策略有效吗？""有没有更好的学习策略？""我掌握了这个知识点吗？""怎样才能检测自己是不是掌握了这个知识点？"父母还可以鼓励孩子写学习日记或思维日志，每天晚上引导孩子对当天进行反思和总结。古语"吾日三省吾身"也可以转化为一种追求元认知的实践。

父母要认识到，好的教育不是要告诉孩子一连串答案，而是需要问出一系列问题。父母要去启发孩子思考自己行为的目标、内容、过程、方法，进而对自己的成败得失和改进策略进行总结。父母要做的只是支持他的反思过程，并在一些他们力所不及的关键时刻，提供恰当的帮助。这里有一套用于训练孩子元认知思维能力的问题，父母可以鼓励孩子思考和作答。

```
······· 测一测 ·······
```

训练元认知思维能力的问题

计划:

1. 我遇到的问题是什么? 我的目标是什么?

2. 关于这个问题,我目前知道哪些信息? 这些信息有什么用?

3. 我计划如何解决问题?

4. 还有其他办法吗? 如果……将会怎样?

5. 我下一步要做什么?

监控:

1. 我遵照了计划或策略吗? 需要一个新的计划,或者一个新的策略吗?

2. 我的目标变了吗? 现在的目标是什么?

3. 我走上正轨了? 如何知道是否正在逐步接近目标?

调节:

1. 哪些计划或策略起了作用? 哪些没有起作用?

2. 下一次我应该制定什么不同的计划或策略?

抓紧时间学习, 克制玩耍冲动, 可能是每个孩子在入学后都要面临的重要挑战，尤其是在空闲时间比较多的周末。由于我并不想用各种各样的培训班去填塞小Q的周末时间，如何利用周末时间就成了我和小Q要共同面对的问题。之前小Q把周末的学习和玩耍安排得非常随意，想起来就做一会儿作业，累了又玩一会儿。结果往往是两天下来，学校布置的学习任务没完成，很多想玩的东西也没有玩到。别说我不满意，就连他自己也不开心。于是我专门跟小Q商量如何才能过好周末。

我先问小Q："什么样的周末才算是一个愉快、充实的周末？"小Q回答："所有想做的事都做完了，那就不错。"

我又问："那你想做哪些事？"小Q回答了一大串想要玩的玩具、游戏，以及想去的地方。

我再问："这么多事情需要在一个周末做完吗？"小Q说："那当然不行，可能一个周末只能做几件。"

我接着问："那学习需要安排进去吗？"小Q回答："当然要了。"

我继续问："那怎么安排，才能学得好，也玩得好呢？"小Q歪着头想了一会儿，说："不知道，你说说看？"

我于是说："我倒是有一个主意，我们可以把每个周末要学习的任务和玩耍的活动都列出来，穿插着完成，这样既能学，又能玩。"小Q很赞同。于是我们就养成了周末同时制定学习和玩乐计划的习惯，按照目标依次去完成。

很快问题又来了。小 Q 经常一玩起来就忘了时间，结果学习任务完不成，后面的玩乐计划也泡汤了。于是我们又一起想办法。我先问他："我们的计划为什么总是无法顺利完成？"他回答："因为我经常一玩起来就忘了时间。"

我又问："那有什么办法可以解决？"他说："可以设定一个时限，到点了就提醒我。"

于是我们围绕着设定时限又进行了一系列探索，包括小 Q 自己看钟表，自己看沙漏，我来提醒等，最后确定了由小 Q 通过智能音箱设定闹钟，给每次的休息设定一个时限。这样，我们再也没有为周末浪费时间而发生过争执。事实上，这里我就是运用了训练孩子元认知思维能力的方法，帮助他明确自己的目标，监测自己的进程，调控自己的行为。

总结一下，遇到问题时，父母要避免指责孩子，而要问孩子："我能为你做什么？"这样一个简单的问句表明了：作为深爱他的家人，父母随时准备着在他需要时提供帮助，这背后体现的正是无条件的爱与支持。这句话还将生活和学习的主动权和责任感交还给孩子，引导他思考自己行为的目标、进程和结果，让他学会自我调控，发展他们的元认知。

"我能为你做什么？"这句话所代表的思维方式，能够赋予孩子责任感、安全感和主体性，这些正是孩子自主解决问题所必需的，也是他面对未来挑战的保障。

▌ 养育干货笔记

- 父母将主动权交还给孩子，孩子才能主动思考如何去做，如何让父母为自己提供帮助。

- 父母可以用引导式的提问，帮孩子内化做事的思维方式和思考习惯，让孩子在学习中主动反思和复盘。

第 12 章
"我会如何对待童年的自己？"

也许我们当中不少人有过这样的经历，小时候常被父母责骂，情节严重的还会留下心理阴影。于是我们在心中暗暗发誓：一旦自己有了孩子，一定要温柔地对待他们。结婚生子前，当我们走在大街上，看到那些不顾形象大声斥责孩子的父母，往往会发自内心地轻视他们，认定自己今后一定不会这样。但结果，等我们自己有了孩子，忍不住对孩子大吼大叫的情景却仍旧在生活中反复上演。我们似乎不由自主地变成了自己最讨厌的样子。这种状况经常让我们感到迷惑和无奈。

创伤的代际传递

这种现象在心理学中被称为"创伤的代际传递"，说的是那些在父母养育过程中受过伤，包括被虐待、被忽视的孩子，成年后更有可能成为创伤性的父母。虽然他们不认同自己的童年经历，却不由自主地复刻自己的儿时体验，继续用糟糕的方式来养育自己的孩子。一些精神分析学家曾用"育婴室里的幽灵"来比喻这种现象。

而近年来的遗传学研究也发现：创伤可以在一个人的基因上留下化学痕迹，这种化学痕迹并不会引起 DNA 序列的根本改变，却能改变基因的表达方式。这种表观基因是可以遗传的，即未经处理的创伤是可以一代一代传递下去的。这也算是为荣格所说的"没有被我们意识到的，最终成了我们的命运"这句话做生理学注脚了。

那如何打破这个魔咒呢？关键方法是接纳和觉知。让蛰伏在潜意识中的行为模式通过我们的发掘和自省，进入到我们能够观察和思考的意识层面。也就是说，当我们重新梳理自己的成长史，直面自己养育过程中的遗憾和伤痛，关照自己过去的情绪和感受，并学会体察自己当下的体验时，我们才有抵御惯性的力量。因此，为了现在不和孩子拧巴，我们先得回到过去，解决自己童年的拧巴。疗愈孩子的关键在于先疗愈自己。

面对儿时的自己

我有一个疗愈自己的办法，就是想象"我会如何对待童年的自己"。前文中曾经讲过"回到童年假想法"，是让父母回忆童年，尝试用儿时的视角看问题，通过形成和孩子的共鸣，来改善亲子间的关系。这里，我们虽然也是回到童年，却不是要把自己假想成儿时的自己，而是要面对儿时的自己。

有一次，我偶然开车经过儿时居住的街道，陌生又熟悉的街景帮我打开了记忆的闸门，不少儿时的画面奔涌而出：向父母讨要零用钱被拒绝的画面；带弟弟妹妹出去闲逛，闯了祸被父母责骂的画面；背着父母在街边的小吃摊偷偷买东西的画面……一幕又一幕，无比鲜活。我想起来，儿时的我在面临困境时，常常希望有一种超凡的力量来帮助我满足愿望，解决问题，就像阿拉丁神灯中的灯神，或者皮皮鲁和鲁西西世界里的罐头小人。

我突然想到，要是我能以现在的形态穿越回我的童年，就可以化身为强大的力量来帮助儿时的自己。例如：

小时候，我特别希望有人能够开车带我逛遍整个城市，而这个愿望直到长大了也没有实现。要是我回到过去，一定要载着儿时的自己看遍整个世界。

小时候，我有很多疯狂大胆的念头却不敢和父母分享。要是我回到过去，一定用最大的耐心听儿时的自己尽情畅想，并尝试着提供帮助，把这些想法一一实现。

小时候，我特别希望父母能够和我一起欣赏我为之狂热的音乐和电影，一起聊聊我喜欢的明星，但他们对这些总是嗤之以鼻。要是我回到过去，我一定要和那个小小的自己一起听听随身听，聊聊追星趣事。

当我考试失利时，我虽然不希望被父母指责，但更不希望他们刻意回避或者表现出同情，要是我回到过去，我一定只用无言的拥抱和理解的眼神为当年那个考砸的自己注入跌倒了再爬起来的勇气。

我还要给十多岁时开始思考人生意义和宇宙奥秘的自己上一堂哲学入门课，告诉当年那个小孩，思考这类问题一点儿都不可笑，它不是胡思乱想。

我还要给青春期为梦想激动但又倍感迷茫的自己上一堂职业规划课，用我的人生经验来为当年的自己提供信息，指点迷津……

是的，我多么希望能够回到过去，用强大的成人的力量来帮助幼小的自己，实现成长中许多没被满足的愿望，修复没被善待的心情，解除没被理解的苦恼。如果由我们自己来照顾童年的自己，我们一定会更温柔、更包容、更富有同情、更充满爱意，也更具有智慧，让当年那个小孩可以少受些委屈，少挨点儿责骂，少在被窝里哭两场……如果我们能带着这样的心情去对待我们的孩子，会怎样呢？

实际上，我自己的童年里并没有什么严重的创伤，但的确存在不少难过和遗憾。而导致这些难过和遗憾的父母行为，却常常被我不自觉地从我父母那里承袭过来，又传递给我的孩子。

我小时候，父亲虽然嘴上说着"如要小儿安，常带三分饥和寒"，但实际上总是对我过度喂养，习惯性地强迫本来食量很小的我把所有他安排的食物都吃完。当我还是小奶娃的时候，父亲不管需要多长时间，总是要把准备好的牛奶全部灌到我肚子里方才觉得完成了任务。等我稍大些，父亲会为了让我晚餐吃得饱饱的，追在我屁股后面一口一口地喂，饭冷了就再热，一顿饭竟然反复热了六次。每当我回忆起这些，一方面心疼父亲的付出，一方面也对吃到想吐的感觉心有余悸。

但我为人母后，在喂养自己的孩子时，完全忘记了小时候被强迫的痛苦，反而觉得孩子把大人安排的食物吃完天经地义。

直到有一次朋友看到我非让孩子把饭吃完，对我这种行为表示了质疑，我才恍然大悟自己也在用老一套养育孩子。我更诧异地发现，有很多家庭并没有强迫孩子把饭吃完的习惯，都是让孩子按照自己的胃口吃。

我查阅了相关书籍，才发现大部分儿童保健方面的专家都不建议强制孩子进食：一方面，不同孩子的食量本就存在差异；另一方面，成人为孩子安排的饭量其实都是依据自己的主观经验设定的，无法准确符合孩子的真实需求，所以大可不必让孩子勉为其难地顿顿吃光。甚至不少专家还建议为孩子吃饭设定一个时间限制，例如半小时内能吃多少就吃多少，吃不完就把饭拿走，这样才能让孩子在自主体验中感知饥饿和饱胀，同时学会吃饭不拖拉，否则就会饿肚子。

如果我能早用"我会如何对待童年的自己"这个想象来梳理成长经历，儿时印象深刻的被迫进食的痛苦，应该是可以立刻被记起、被觉知的。那我就可以通过思考和比较，停止继续以这种毫无必要的方式来对待我的孩子。

四个步骤：激活—感受—改写—验证

"我会如何对待童年的自己"，这个想象的意义就在于能够帮助我们面对和梳理自己被养育的历史，通过重新感受和思考，对自己进行疗愈的同时，阻断不当行为的代际传递。为了让这个想象最大程度地发挥作用，我们可以遵循"激活—感受—改写—验证"四个步骤。

首先，长期记忆的提取是需要条件的，直接回忆童年，除了一些印象极其深刻的事件，我们可能只能得到大体的脉络和一些模糊的印象。但如果我们能有效地利用关联情景，就容易激活记忆路径，回想起更加丰富、详尽的儿时画面。例如，儿时居住过的街道就是一种刺激，让我想起了更多的童年往事。此外，还有一个有效的办法，就是翻看自己儿时的老照片，一张一张的照片可以帮我们推开一扇又一扇的记忆之门，让我们想起一段又一段的成长经历。

其次，儿时记忆被激活之后，我们可以用心地去回溯当年的各种体验，留意和发掘一些淤积在内心的伤痛，把它们从遥远的记忆和潜意识的暗夜中拉出来，重新感受，就像我回忆起被父亲逼迫吃饭的过往。

再次，在看到自己的伤痛及其成因之后，我们可以通过思考和比较来改写自己的行为模式。例如，当我想起被强迫吃饭的难受，我就可以开始思考逼孩子吃饭是否必要。我可以通过观察他人的养育模式，或者查阅相关资料，又或者听取专家建议，来破除我认为强迫孩子吃饭天经地义的执念，从而改写自己逼迫孩子吃饭的下意识行为。

最后，我们还可以将想象与实践相结合来验证自己的改写是否正确有效。我们可以设想如果回到过去，以改写后的方式来对待儿时的自己，是不是会解决当年的许多困扰。更重要的是，我们要在当下的亲子互动中去切身感受，以改写后的方式对待孩子，孩子是否更轻松、更愉快、更配合，是不是更好地解决了亲子之间的一些问题。这也是我们假想如何对待童年的自己要达成的最终目标。

育婴室的天使

当然，我们的成长经历中不仅仅存在幽灵似的伤痛记忆，一定也存在天使似的愉悦记忆。所以当梳理童年经历时，不仅要发掘出那些令人不快、需要改写的经历，也应该记住那些因被善待而倍感温暖的瞬间。比如，虽然我小时候常被骂，甚至不时挨打，但每次被打骂之后，当天晚上睡觉前，父亲一定会来到我床边，温情而真诚地跟我道歉，有时也说一些鼓励的话，让我紧绷一天的神经和郁结一天的坏情绪，随着委屈的泪水畅快地排出体外，最后带着一种相互谅解的轻松情绪开心地睡去。

这些瞬间让我们回忆起过往的种种不完满时，不去抱怨指责父母；让我们在承认缺憾，接受父母不完美、不正确的同时，能够感恩父母对我们的付出。只有内心接纳和谅解了自己的父母，我们才能把注意力从原生家庭带来的伤痛上，转移到对自己的自我体察和行为改写上。所有的父母都曾经是孩子，所有的孩子也都终将长大成人。带着这样澄澈的心境，才有利于我们更好地对待自己的孩子，不再拧巴，不再较劲。

▌养育干货笔记

- 父母要想不再和孩子拧巴，可以先回到过去，解决自己童年的拧巴。

- 可能在我们的童年里并没有严重的创伤，却存在一些让人难过和遗憾的养育行为，正在被我们不自觉地承袭过来，传递给我们的孩子。

薛巧巧老师的养育资料馆

建立清晰的养育标准

- 《园丁与木匠》，艾莉森·高普尼克 著
- 《什么是最好的父母》，河合隼雄 著
- 《陪孩子终身成长》，樊登 著
- 《不管教的勇气》，岸见一郎 著

认清自己的养育偏好

- 《学习的战争：怎样才是最好的学习》，KBS《Homo Academicus》制作团队 著

- 《正面管教》，简·尼尔森 著
- 电影《死亡诗社》
- 电影《地球上的星星》
- 电影《放牛班的春天》

避开流行的养育陷阱

- 《我是个妈妈，我需要铂金包》，薇妮斯蒂·马丁（Wednesday Martin）著
- 《让孩子远离焦虑》（*Freeing Your Child From Anxiety*），塔玛·琼斯基（Tamar Chansky）著
- TED 演讲《父母如何影响孩子成长背后的科学》（*The Science Behind how Parents Affect Child Development*），宗像裕子（Yuko Munakata）
- 电视剧《小舍得》

培养自主学习的孩子

- 《人是如何学习的》，约翰·D. 布兰思福特等 编著
- 《你就是孩子最好的玩具》，金伯莉·布雷恩（Kimberley Blaine）著
- 《一本不正经的大脑》（*Brain Briefs*），阿特·马克曼（Art Markman）著
- TED 演讲《学校如何扼杀了创造力？》，肯·罗宾逊

合理规划教育投入

- 《爱、金钱和孩子：育儿经济学》，马赛厄斯·德普克（Matthias Doepke）和法布里奇奥·齐利博蒂（Fabrizio Zilibotti）著
- 《不平等的童年》，安妮特·拉鲁　著
- 《准备》（*Prepared*），黛安娜·塔文纳（Diane Tavenner）著

真正读懂孩子的行为

- 《自控力》，凯利·麦格尼格尔　著
- 《上瘾》，尼尔·埃亚尔　著
- TED 演讲《出人意料的工作动机》，丹尼尔·平克
- 电影《逃学外传》

用沟通实现轻松养育

- 《非暴力沟通》，马歇尔·卢森堡（Marshall Rosenberg）著
- 《父母的语言》，达娜·萨斯金德（Dana Suskind）、贝丝·萨斯金德（Beth Suskind）和莱斯利·勒万特-萨斯金德（Leslie Lewinter-Suskind）著
- 《不吼不叫》，罗娜·雷纳（Rona Renner）著
- 《如何说孩子才会听　怎么听孩子才肯说》，阿黛尔·法伯（Adele Faber）和伊莱恩·玛兹丽施（Elaine Mazlish）著

建立养育的新视野

- 《女性的英雄之旅》（*Motherhood*），莉萨·马尔基亚诺（Lisa Marchiano）著
- 《活出心花怒放的人生》，彭凯平 著
- 《遇见心想事成的自己》，张德芬 著
- 《跟巴黎名媛学到的事》，珍妮弗·L. 斯科特（Jennifer L. Scott）著

该放手时就放手

1987年"六一"国际儿童节前夕，我在《成都日报》的《苗地》专栏发表了一篇题为《我的假小子》的散文。其中有这样的描述：你根本闹不清楚，站在你面前的这个小不点儿一分钟之后，会在何地用何手段给你弄出些什么令人啼笑皆非的事情来。放学路上，常常不是为从她衣兜里掏手绢时掏出了蜈蚣、蚯蚓之类而骇得心惊肉跳，就是为她把不愿穿的衣物暗暗弄出几个大洞而气得目瞪口呆。

不错，这个"她"，便是本书作者，我的女儿薛巧巧。

光阴如梭，笑谈间三十六年如白驹过隙，然而有时错觉会把时空胡乱地拼糅在一起让人产生幻象。你会把许多年以前的记忆与眼下的某些场景叠加，会把女儿的童年与孙儿的童年叠加，会把孙儿进校门的背影当成女儿当年初入学堂的背影。一转眼，那个一会儿嚷嚷着要给太阳公公安个开关，让全世界的夜晚都不用点灯，一会儿又要给解剖得支离破碎的麻雀装上电池，企图使其驱而动之的黄口小儿，竟成了可以著书立说的学者，在我看来，这的确也算得上是一件让人振奋的事情。

曾有笑话说，古时候公子从学堂归来，把书包一甩，指着满屋的人说："凭什么一家子吃饭，就我一个人念书！"现今的孩子与他们的父辈祖辈相比，在启蒙岁月的辛苦程度不能同日而语，而比他们更辛苦的应该是他们的父母。可怜天下父母心。当今父母对子女的期望值远远超过他们自己的父母当年对他们的期望值，这就给他们的焦虑埋下了伏笔。

进入信息时代以来，这个世界已经发生了革命性的变化，孩子们一睁眼就搭上了飞速前行的列车，起跑线、升学率、奥数尖子班……想想都觉得头大，欲置身事外？难！

就女儿来说，由于入学年龄偏小，她在初小阶段几乎都处于懵懂的状态，家长们忙于工作和生活也无暇顾及太多，仅仅凭着从《为了孩子》杂志里学到的一知半解，在放学路上喋喋不休地对她灌输，陪她读完了小学。对于其间她所经历的成长烦恼和人生喜乐，我们是无从知晓的。那时，我们的知识结构和思想水平都不能与今天的年轻父母相比，这也是我到古稀之年仍觉得歉疚的原因之一。

尤其是在阅读本书之后，我更加感到，教育作为一门科学，竟然有如此繁多的玄机。

从国内到国外，由研究生到博士生，多年研学，数载实践，潜心比较，传道授业，女儿可以称得上是教育方面的专家了。可是，当她当了妈妈以后，她与其他家长所感受到的焦躁、疑虑和困惑是一模一样的。正是因为如此，这部心得式的读物才更加具有实际意义。

没有父母希望自己的子女输在起跑线上。其实孩子的起跑线应该是父母的格局，做一个学习型家长、成长型家长、身教型家长和慎微型家长，鼓励不刻薄、助长不拔苗、引导不决策、放松不放纵，牢记"成人退一步，孩子进一步，方为成长"，做到该放手时就放手，也许养育的效果会更加明显一些。

当然，正如一千个读者就有一千个哈姆雷特，每个家庭对养育模式的理解是各不相同的，因此理论的指导作用还要通过反复实践来验证，而跟进这些建设性意见又是一个长期的动态总结过程。所以，如果父母可以将这本书当作善意的提醒和会心的忠告，在读完以后，结合自己的思维习惯和认知逻辑，梳理出适合自己孩子的教育理念，我想作者的心血就算不白费了。

薛建明

孩子终将走出自己的路

在本书的最后，我想分享一篇 TED 演讲——美国科罗拉多大学博尔德分校研究发展认知神经科学的心理学教授宗像裕子的《父母如何影响孩子成长背后的科学》。

这篇演讲说到，每一个父母都希望给自己的孩子最好的一切。而各类养育书籍都声称，能够为父母每天都要面对的艰难决策提供一种最优选择，并向父母解释他们自己是如何塑造、被什么塑造的。然而，养育书籍中存在着大量相互矛盾的主张，唯一不变的信息是：只要孩子没有获得成功，那一定是父母做错了什么。在这种假设下，大部分父母感到非常焦虑，并感觉自己随时受到评判。正如一项针对数千名父母的调查显示的，有 90% 的母亲和 85% 的父亲感觉自己受到评判；接近一半的父母感到自己的养育方式随时随地暴露在身边人的评判中，这些评判者当中既有亲人朋友，也包括完全陌生的人。

那父母的养育方式到底能不能影响孩子，能在多大程度上影响孩子，又能影响孩子的什么呢？对于这个众说纷纭的问题，最好的办法就是用数据说话。演讲中，裕子分享了两个基于实证的研究。第一个研究涉及数百万个孩子，既包括普通的兄弟姐妹，也包括同卵和异卵双胞胎，他们或在一起长大，或被分别收养。研究考量了影响孩子成长的各类因素，包括父母的养育模式、先天遗传及成长环境等，结果显示：在同一个家庭，或者说同一种养育模式下长大的兄弟姐妹，和在不同家庭，或者说不同的养育模式下长大的兄弟姐妹，在成就感、幸福感、自立性等方面并没有呈现出太大的差异。例如，如果一个孩子一出生就被带走，而这个孩子的另一个兄弟或姐妹则被送到另一户人家养育。我们一般会认为，比起在同一个屋檐下长大的，被分别送到不同家庭的两个孩子会呈现出更大的差异性。然而结果并不是这样：在一个家庭中长大，和在不同的家庭中长大的兄弟姐妹，他们之间的差异性或者共同性并没有太大的改变。

还有一则叫双生子"吉姆兄弟"的心理学实验：一对双胞胎兄弟幼年分离，成年再聚。虽然他们成长于不同的家庭，结果长大后习性相似，连抽烟、喝酒的方式，老婆、小孩甚至宠物狗的名字都一样。虽然每户家庭在管束孩子的理念、方式上存在着巨大差异，但不同的养育方式似乎并不会对孩子的成长结果产生决定性的影响。除此之外，裕子还分享了 2015 年的一项整合研究，这个研究跨越 39 个国家，追踪超过 1400 万对双胞胎，涉及数千个调查结果。这项研究发现孩子的成长模型大部分都仅和遗传相关，父母的养育方式对孩子的成长结果的影响是微乎其微的。或者，换成裕子在演讲中的话来说：父母养育方式对孩子成长的影响，就像是蝴蝶效应当中那只挥动翅膀的蝴蝶对加勒比上空形成的飓风的影响一样，虽然是肯定有影响，但其具体路径却又是不可预测，也难以破解的。

尤其是考虑到这样一种状况，父母的同样一种行为，在不同的孩子身上起到的作用可能完全不同。正如裕子所说：同样是父母为孩子做计划、做安排，在某些孩子身上，他们会觉得父母为他们提供了良好的支持，而另一些孩子会认为父母的管控令人窒息；同样是父母询问孩子朋友的情况，有些孩子会觉得父母很关心他们的生活，而另一些孩子就会觉得父母多管闲事；同样是父母离异，有些孩子会把这看成是一场巨大的悲剧，而在另一些孩子的眼中，却可能是一场彻底的解脱。

我自己也有类似的经历，我和我的好朋友都上全托幼儿园，星期一到星期五都在幼儿园，只有周末才被父母接回家。我的父母和好朋友的父母都喜欢在接人时迟到，我们经常看着身边的小朋友陆陆续续走了，最后只剩下我们两个。但当我回想起这段往事时，我记得的是我因为可以在幼儿园多玩一会儿，甚至能去老师家蹭根冰棍而感到欣喜；但我好朋友的印象就是凄风苦雨，分外煎熬，觉得自己一个人孤零零地被扔在了幼儿园，就算老师拿零食给她吃，她也觉得有一种被可怜的失落感。同样是读全托幼儿园，我因为可以晚上和小朋友们睡在一起而分外开心，十分享受；而我好朋友就只记得离家的不适和强烈的思念。我俩有相似的经历，却产生迥异的体验。

　　既然同样一种养育方式，或者相类似的成长经历，均因对象不同而产生不同的结果，那哪里又存在放之四海而皆准的解决方案呢？当然，裕子是一名专门研究养育方式和儿童发展的心理学家，她分享这些数据和案例不是要让我们认为研究养育方式毫无意义，而是想让我们以一种开放的、健康的心态去看待养育。她为父母提了三条建议：第一，要知道父母对孩子来说的确很重要；第二，要知道父母的影响是复杂而难以预测的，所以停止责备自己，停止责备自己的父母，也停止责备其他人的父母；同时，接受父母虽然能够影响，但是无法控制孩子选择的现实。第三条建议关乎养育的真谛，即在此时此刻，爱自己的孩子，体会每个时刻的重要性，关注每个时刻在当下对父母和孩子产生的意义，而不是这些时刻对孩子未来产生的影响，因为未来其实并不可知。

　　这个建议在我看来，其实就是把我们的注意力从遥远而不可控的未来，拉回到每一个具体而真实的当下，让父母活在当下，保持正念，关注亲子互动的每一个瞬间。当下才是我们真正能够把握，也最该把握的。

　　裕子在演讲的最后说：如果我们可以拥有活在当下的正确态度，如果我们能够放下控制孩子的未来这样的执念，如果我们能够接受孩子成长的复杂性，这一切将能够改变我们每天面对养育行为时的态度，让我们体会到养育孩子除了为了达到某个特定成果，还拥有更多的意义。这也能将我们从对人生意义和影响的追问中解脱出来，使我们的养育变得更加切合实际，也容易令人满意，而这恰恰是作为一位优秀的父母应该知道的。我们自己，作为普通人都喜欢确定性，每个人都恨不得能拥有一套标准答案，照着做就可以培养出一个完美的孩子。我特别理解这样的期盼，我自己也恨不得能有这样一套方法。然而数据和科学都告诉我们，没有这样便宜的事。

　　裕子的演讲解决了我们良久以来的困惑，打破了我们固有的盲目自信，让我们不再幻想可以凭借一种方式来养育完美的孩子。它同时也给我们注入了真正的自信，让我们把注意力放在与孩子相处的每个瞬间上，去感受和孩子在一起的每一刻幸福时光。如果每一个与孩子相处的瞬间，我们都能相互理解，相互信任，由这样的瞬间构筑的未来一定不会太差，而孩子也一定能在这样愉快的成长经历中自然而然地走出属于自己的路。

　　另一位心理学大师，日本箱庭疗法的创始人河合隼雄为父母所写的《什么是最好的父母》[①] 这本书中，在第一部分就让父母远离"标准病"。老先生反复强调："只要重视孩子的个性，就一定不会出现指南式的答案。"在提到自己的写书目的时，他说为了让父母更好地养育，总不能说随意去做就好，书中的内容更多是为父母提供养育孩子的灵感和提示，而不是标准答案。最终，老先生希望每个父母都能拥有自信，怀着悠然自在的心情去养育孩子。

　　经常有朋友问我，我的研究领域为教育学，是不是就不会"吼娃"？其实并不是这样，我的性子比较急，也容易冲动，有时候明明

[①]　日本心理学家河合隼雄的经典养育著作，自出版以来影响了日本两代人。作者用睿智、幽默的语言回答了 48 个直击心灵的养育问题，带父母看透养育本质。该书的中文简体字版已由湛庐引进，北京联合出版公司于 2020 年出版。——编者注

知道孩子没犯大错，我却依然态度不善，甚至大发雷霆。不过如果这种情况已经发生了，我会在平静下来后，和孩子一起讨论我做错了什么，他做错了什么，我们以后怎么改进。我不会因为几次吵架就怀疑孩子的心理会出问题，也不会因为孩子几次考试失利就感到无比焦虑，更不会一看到别人某种养育方式似乎取得了成效，就轻易地否定和改变自己的养育模式。当问题发生以后，总是要平静下来深度思考，我们要什么，我们是怎样的父母，我们是什么样的家庭，带着开放和放松的心态，和孩子一起找症结所在，问问孩子我们能够为他们提供些什么帮助——这样的态度，即便不能阻止所有问题的发生，也能够让我们以一种最淡定、最舒适的姿态来面对问题。

在本书的末尾分享裕子的演讲和河合隼雄的养育观念，正是为了提醒大家，本书的目的是给大家提供不跟风、不贴标签、不较劲的思路与原则，决不是依葫芦画瓢的模板。我真正希望的是：每一位父母都能基于对自己家庭、孩子的分析，来选择最适合自己和孩子，让自己的家庭最舒服的养育方式；在面临孩子的诸多问题时，我们能够通过观察去发现问题的症结，帮助孩子做好他们想做但是还做不到的事情；在养育中，我们能够抱着理解和开放的心境，陪伴、见证和欣赏孩子的成长，在每一个瞬间中体验为人父母的感动与骄傲；在此过程中，我们能够依据此情此景、此人此事，不断地调整自己的做法，看清自我，顺应孩子的天性，进而与孩子达成和解。这才是一个真正负责任的养育态度。

最后，祝愿我们都能拥有幸福的养育旅程。

未来，属于终身学习者

我们正在亲历前所未有的变革——互联网改变了信息传递的方式，指数级技术快速发展并颠覆商业世界，人工智能正在侵占越来越多的人类领地。

面对这些变化，我们需要问自己：未来需要什么样的人才？

答案是，成为终身学习者。终身学习意味着永不停歇地追求全面的知识结构、强大的逻辑思考能力和敏锐的感知力。这是一种能够在不断变化中随时重建、更新认知体系的能力。阅读，无疑是帮助我们提高这种能力的最佳途径。

在充满不确定性的时代，答案并不总是简单地出现在书本之中。"读万卷书"不仅要亲自阅读、广泛阅读，也需要我们深入探索好书的内部世界，让知识不再局限于书本之中。

湛庐阅读 App: 与最聪明的人共同进化

我们现在推出全新的湛庐阅读 App，它将成为您在书本之外，践行终身学习的场所。

- 不用考虑"读什么"。这里汇集了湛庐所有纸质书、电子书、有声书和各种阅读服务。
- 可以学习"怎么读"。我们提供包括课程、精读班和讲书在内的全方位阅读解决方案。
- 谁来领读？您能最先了解到作者、译者、专家等大咖的前沿洞见，他们是高质量思想的源泉。
- 与谁共读？您将加入优秀的读者和终身学习者的行列，他们对阅读和学习具有持久的热情和源源不断的动力。

在湛庐阅读 App 首页，编辑为您精选了经典书目和优质音视频内容，每天早、中、晚更新，满足您不间断的阅读需求。

【特别专题】【主题书单】【人物特写】等原创专栏，提供专业、深度的解读和选书参考，回应社会议题，是您了解湛庐近千位重要作者思想的独家渠道。

在每本图书的详情页，您将通过深度导读栏目【专家视点】【深度访谈】和【书评】读懂、读透一本好书。

通过这个不设限的学习平台，您在任何时间、任何地点都能获得有价值的思想，并通过阅读实现终身学习。我们邀您共建一个与最聪明的人共同进化的社区，使其成为先进思想交汇的聚集地，这正是我们的使命和价值所在。

CHEERS

湛庐阅读 App
使用指南

读什么
· 纸质书
· 电子书
· 有声书

与谁共读
· 主题书单
· 特别专题
· 人物特写
· 日更专栏
· 编辑推荐

怎么读
· 课程
· 精读班
· 讲书
· 测一测
· 参考文献
· 图片资料

谁来领读
· 专家视点
· 深度访谈
· 书评
· 精彩视频

HERE COMES EVERYBODY

下载湛庐阅读 App
一站获取阅读服务

图书在版编目（CIP）数据

更少但更好的养育法 / 薛巧巧著. -- 杭州 ：浙江
教育出版社，2024.1
ISBN 978-7-5722-7292-9

Ⅰ．①更… Ⅱ．①薛… Ⅲ．①婴幼儿—哺育—基本知
识 Ⅳ．①TS976.31

中国国家版本馆CIP数据核字(2023)第255321号

上架指导：家庭教育

更少但更好的养育法
GENGSHAO DAN GENGHAO DE YANGYUFA

薛巧巧　著

责任编辑：洪　滔
助理编辑：周涵静
美术编辑：韩　波
责任校对：高露露
责任印务：曹雨辰
封面设计：ablackcover.com

出版发行：浙江教育出版社（杭州市天目山路40号）
印　　刷：天津中印联印务有限公司
开　　本：710mm×965mm 1/16　　　插　　页：1
印　　张：11.75　　　　　　　　　字　　数：138 千字
版　　次：2024 年 1 月第 1 版　　　印　　次：2024 年 1 月第 1 次印刷
书　　号：ISBN 978-7-5722-7292-9　　定　　价：79.90 元

如发现印装质量问题，影响阅读，请致电 010-56676359 联系调换。